Activités avec l'argent canadien - Suggestions

⭐ Présentez à vos élèves des pièces de monnaie et des billets différents chaque jour, en fonction de leurs connaissances à ce sujet. Jouez à « Qui suis-je? ». Donnez des indices sur la pièce ou le billet dont vous parlez, puis invitez vos élèves à deviner de laquelle ou duquel il s'agit.

⭐ Utilisez des pièces de monnaie pour compter chaque jour jusqu'au 100e jour d'école. Commencez avec des pièces d'un cent, que vous remplacerez par une pièce de cinq cents au bout de cinq jours, et ainsi de suite jusqu'à ce que la classe atteigne un dollar, qui représente le 100e jour.

⭐ Installez un « magasin » en classe. Demandez aux élèves d'apporter des contenants de produits vides, des menus ou des cahiers publicitaires. Placez des étiquettes de prix sur chaque contenant ou image de produit. Nommez des élèves qui vont « acheter » les produits et remettez-leur une somme d'argent. Nommez d'autres élèves qui vont « vendre » les produits. Ils devront indiquer dans un cahier les produits vendus et la monnaie remise.

⭐ Donnez aux élèves des problèmes de mathématiques se rapportant à de l'argent, y compris des additions, des soustractions et des comparaisons de valeurs. Posez chaque jour une question sur l'argent telle que :

- Combien vaut cette pièce, ce billet ou ce groupe de pièces ou de billets?
- Quel billet, pièce ou combinaison de pièces ou de billets a la plus grande valeur?
- Combien d'argent avez-vous si vous avez une pièce d'un cent, une pièce de cinq cents et une pièce de dix cents (ou autre combinaison)?

⭐ Servez-vous des pages reproductibles à la fin du présent cahier pour créer vos propres activités.

Autres activités :

⭐ Invitez vos élèves à rédiger des textes ayant l'argent pour thème. Quelques suggestions de sujets :

- Comment utilisons-nous l'argent chaque jour?
- Si j'avais un million de dollars...
- Aimeriez-vous travailler dans une banque? Pourquoi?

⭐ Invitez une personne travaillant dans une banque de votre quartier à venir dans votre classe pour parler aux élèves des banques, de l'ouverture d'un compte et de la façon de suivre ses dépôts et ses retraits.

Les pièces de monnaie canadiennes

A. Associe chaque pièce de monnaie à sa valeur.

1.    1,00 $

2.   0,05 $

3.   0,01 $

4.   2,00 $

5.   0,10 $

6.   0,25 $

B. Écris ces montants en cents.

1.   0,10 $ _____

2.   0,25 $ _____

3.   0,05 $ _____

4.   0,01 $ _____

Les pièces de monnaie canadiennes

Découpe les noms de pièces de monnaie et colle chacun à côté de la pièce qui lui correspond.

1. 
2. 
3. 
4. 
5. 
6.

| un cent | vingt-cinq cents | deux dollars |
| cinq cents | dix cents | un dollar |

Les pièces de monnaie canadiennes

Découpe les pièces de monnaie et colle chacune à côté de sa description.

1. **Voici une pièce d'un cent.**
   1 ¢   0,01 $

2. **Voici une pièce de cinq cents.**
   5 ¢   0,05 $

3. **Voici une pièce de dix cents.**
   10 ¢   0,10 $

4. **Voici une pièce de vingt-cinq cents.**
   25 ¢   0,25 $

5. **Voici une pièce d'un dollar.**
   100 ¢   1,00 $

6. **Voici une pièce de deux dollars.**
   200 ¢   2,00 $

Les pièces de monnaie canadiennes

A. Encercle les pièces d'un cent en ROUGE, les pièces de dix cents en BLEU, les pièces de cinq cents en JAUNE, et les pièces de vingt-cinq cents en VERT.

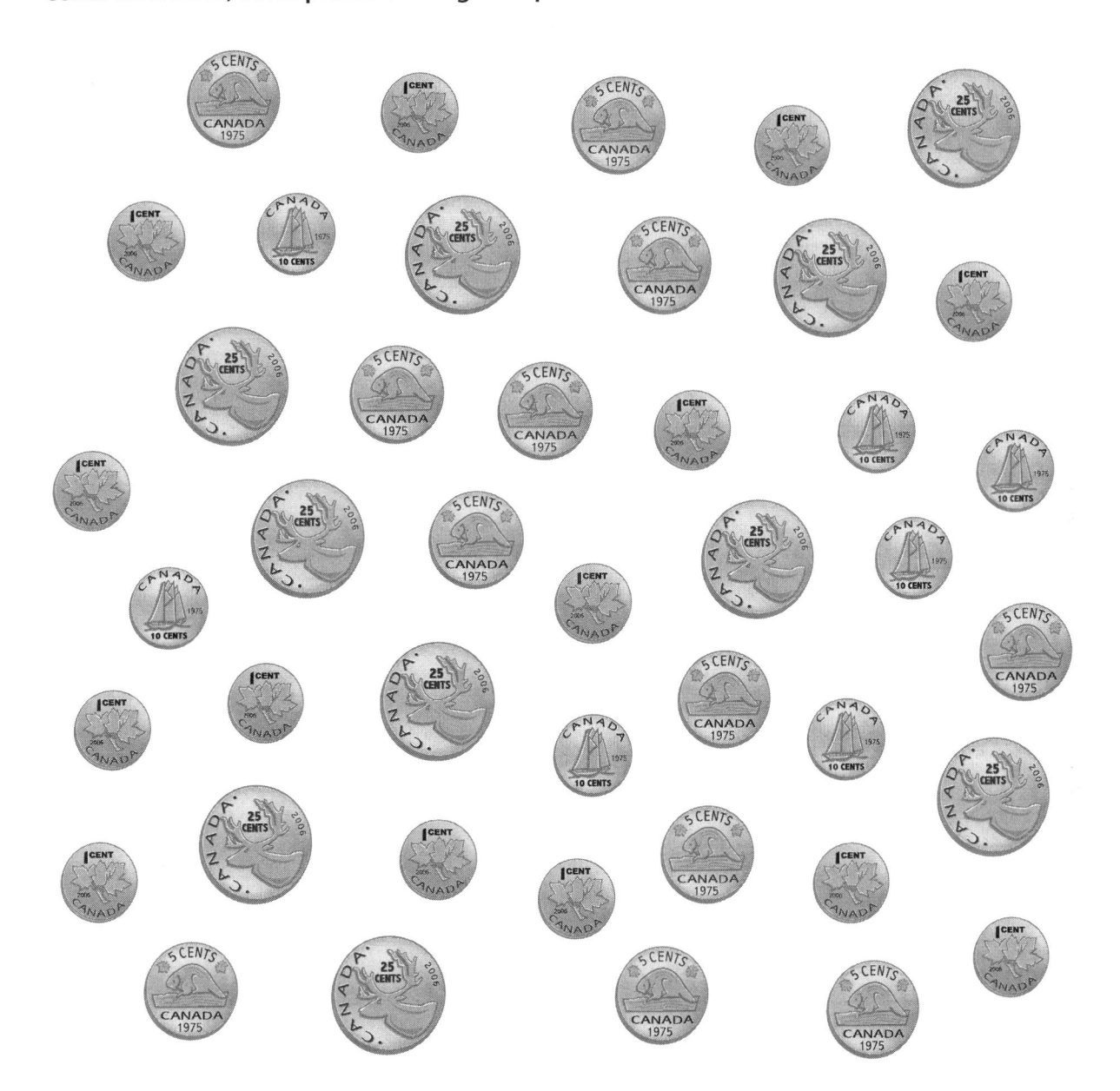

B. Réfléchis bien : Écris chaque montant sous forme de nombre décimal.

1. Combien en pièces d'un cent? _____

2. Combien en pièces de vingt-cinq cents? _____

3. Combien en pièces de dix cents? _____

4. Combien en pièces de cinq cents? _____

Compter des pièces d'un cent

Compte par 1 pour trouver la valeur totale.

1. ___ ¢ ___ ¢ ___ ¢ ___ ¢ ___ ¢ = ___ ¢

2. ___ ¢ ___ ¢ ___ ¢ = ___ ¢

3. ___ ¢ ___ ¢ ___ ¢ ___ ¢ ___ ¢ ___ ¢ = ___ ¢

4. ___ ¢ ___ ¢ ___ ¢ ___ ¢ = ___ ¢

5. ___ ¢ ___ ¢ ___ ¢ ___ ¢ ___ ¢ ___ ¢ ___ ¢ = ___ ¢

Compter des pièces de cinq cents

Compte par 5 pour trouver la valeur totale.

1. ___¢ ___¢ ___¢ ___¢ ___¢ = ___¢

2. ___¢ ___¢ ___¢ = ___¢

3. ___¢ ___¢ ___¢ ___¢ ___¢ ___¢ = ___¢

4. ___¢ ___¢ ___¢ ___¢ = ___¢

5. ___¢ ___¢ ___¢ ___¢ ___¢ ___¢ ___¢ = ___¢

Compter des pièces de dix cents

Compte par 10 pour trouver la valeur totale.

1. ____ ¢   ____ ¢   ____ ¢   ____ ¢   ____ ¢ = ____ ¢

2. ____ ¢   ____ ¢   ____ ¢ = ____ ¢

3. ____ ¢   ____ ¢   ____ ¢   ____ ¢   ____ ¢   ____ ¢ = ____ ¢

4. ____ ¢   ____ ¢   ____ ¢   ____ ¢ = ____ ¢

5. ____ ¢   ____ ¢   ____ ¢   ____ ¢   ____ ¢   ____ ¢   ____ ¢ = ____ ¢

Compter des pièces de cinq cents et d'un cent

Pour trouver la valeur totale, compte par 5 pour les pièces de cinq cents et compte par 1 pour les pièces d'un cent.

1. ____ ¢ ____ ¢ ____ ¢ ____ ¢ ____ ¢ = ____ ¢

2. ____ ¢ ____ ¢ ____ ¢ ____ ¢ ____ ¢ = ____ ¢

3. ____ ¢ ____ ¢ ____ ¢ ____ ¢ ____ ¢ ____ ¢ = ____ ¢

4. ____ ¢ ____ ¢ ____ ¢ ____ ¢ ____ ¢ ____ ¢ = ____ ¢

5. ____ ¢ ____ ¢ ____ ¢ ____ ¢ ____ ¢ = ____ ¢

Compter des pièces de dix cents et de cinq cents

Pour trouver la valeur totale, compte par 5 pour les pièces de cinq cents et compte par 10 pour les pièces de dix cents.

1. ____ ¢ ____ ¢ ____ ¢ ____ ¢ ____ ¢ ____ ¢ ____ ¢ = ____ ¢

2. ____ ¢ ____ ¢ ____ ¢ ____ ¢ ____ ¢ ____ ¢ ____ ¢ = ____ ¢

3. ____ ¢ ____ ¢ ____ ¢ ____ ¢ ____ ¢ ____ ¢ ____ ¢ = ____ ¢

4. ____ ¢ ____ ¢ ____ ¢ ____ ¢ ____ ¢ ____ ¢ ____ ¢ = ____ ¢

5. ____ ¢ ____ ¢ ____ ¢ ____ ¢ ____ ¢ ____ ¢ ____ ¢ = ____ ¢

Compter des pièces de dix cents, de cinq cents et d'un cent

Pour trouver la valeur totale, compte par 10 pour les pièces de dix cents, compte par 5 pour les pièces de cinq cents et compte par 1 pour les pièces d'un cent.

1. ____ ¢ ____ ¢ ____ ¢ ____ ¢ ____ ¢ ____ ¢ ____ ¢ = ____ ¢

2. ____ ¢ ____ ¢ ____ ¢ ____ ¢ ____ ¢ ____ ¢ ____ ¢ = ____ ¢

3. ____ ¢ ____ ¢ ____ ¢ ____ ¢ ____ ¢ ____ ¢ ____ ¢ = ____ ¢

4. ____ ¢ ____ ¢ ____ ¢ ____ ¢ ____ ¢ ____ ¢ ____ ¢ = ____ ¢

5. ____ ¢ ____ ¢ ____ ¢ ____ ¢ ____ ¢ ____ ¢ ____ ¢ = ____ ¢

Compter des pièces de monnaie

Pour trouver la valeur totale, compte par 25 pour les pièces de vingt-cinq cents, par 10 pour les pièces de dix cents, par 5 pour les pièces de cinq cents, et par 1 pour les pièces d'un cent.

1. ____ ¢ ____ ¢ ____ ¢ ____ ¢ ____ ¢ ____ ¢ ____ ¢ = ____ ¢

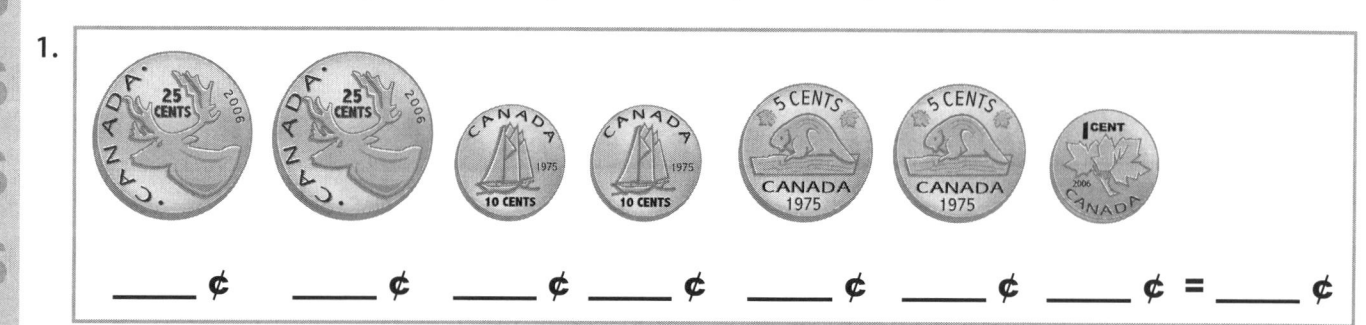

2. ____ ¢ ____ ¢ ____ ¢ ____ ¢ ____ ¢ ____ ¢ ____ ¢ = ____ ¢

3. ____ ¢ ____ ¢ ____ ¢ ____ ¢ ____ ¢ ____ ¢ ____ ¢ = ____ ¢

4. ____ ¢ ____ ¢ ____ ¢ ____ ¢ ____ ¢ ____ ¢ ____ ¢ = ____ ¢

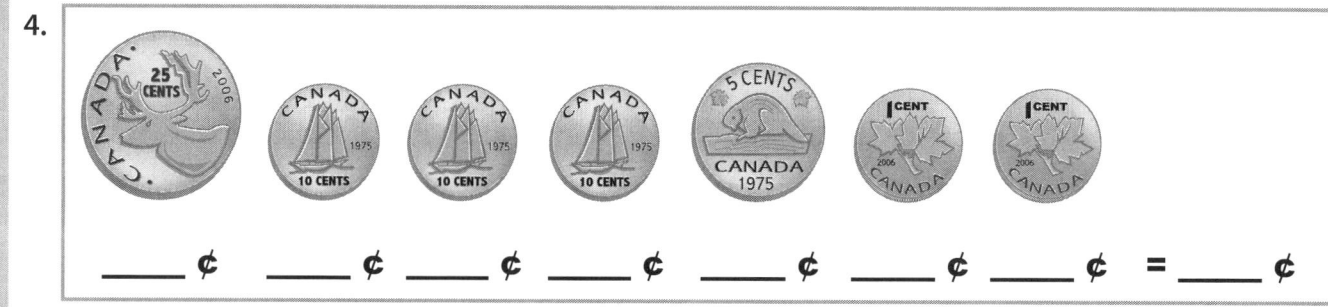

5. ____ ¢ ____ ¢ ____ ¢ ____ ¢ ____ ¢ ____ ¢ ____ ¢ = ____ ¢

Compter des pièces de monnaie

Quelle est la valeur totale de chaque groupe de pièces de monnaie?

1.
2.
3.
4.
5.
6.
7.
8.
9.
10.

Additionner des pièces de monnaie

Additionne les pièces de monnaie.

1. 5¢ + 1¢ = _____ ¢

2. 5¢ 1¢ 1¢ + 1¢ 1¢ = _____ ¢

3. 1¢ 1¢ + 1¢ 1¢ = _____ ¢

4. 5¢ + 1¢ 1¢ 1¢ = _____ ¢

5. 5¢ + 5¢ = _____ ¢

Additionner des pièces de monnaie

Additionne les pièces de monnaie.

1. 1¢ + 1¢ 5¢ = _____ ¢

2. 5¢ 1¢ + 1¢ = _____ ¢

3. 1¢ 1¢ + 1¢ 1¢ = _____ ¢

4. 5¢ 1¢ 1¢ + 1¢ = _____ ¢

5. 1¢ 1¢ 1¢ 1¢ 1¢ + 5¢ = _____ ¢

Soustraire des pièces de monnaie

Soustrais les pièces de monnaie.

1. 5¢ + 5¢ − 1¢ − 1¢ = _____ ¢

2. 5¢ + 1¢ + 1¢ − 1¢ − 1¢ = _____ ¢

3. 5¢ + 1¢ + 1¢ − 1¢ − 1¢ − 1¢ = _____ ¢

4. 5¢ + 1¢ + 1¢ − 1¢ = _____ ¢

5. 5¢ + 1¢ − 1¢ − 1¢ = _____ ¢

Au bureau de poste

15 ¢ **10 ¢** **20 ¢**

A. Caroline doit poster une lettre. Elle a besoin de 60 ¢ de timbres. Quels timbres peut-elle utiliser?

B. Rémi doit poster un colis. Il a besoin de 35 ¢ de timbres. Quels timbres peut-il utiliser?

C. Manuel doit poster un colis. Il a besoin de 45 ¢ de timbres. Quels timbres peut-il utiliser?

Quelles pièces de monnaie?

Encercle les pièces qui, ensemble, donnent la valeur indiquée.

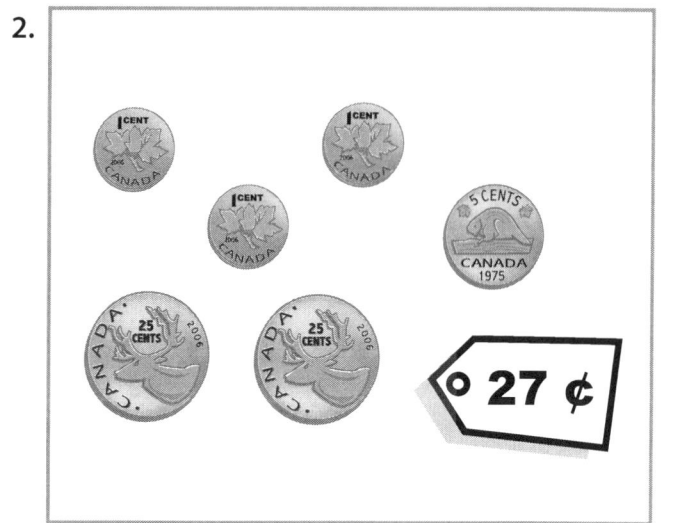

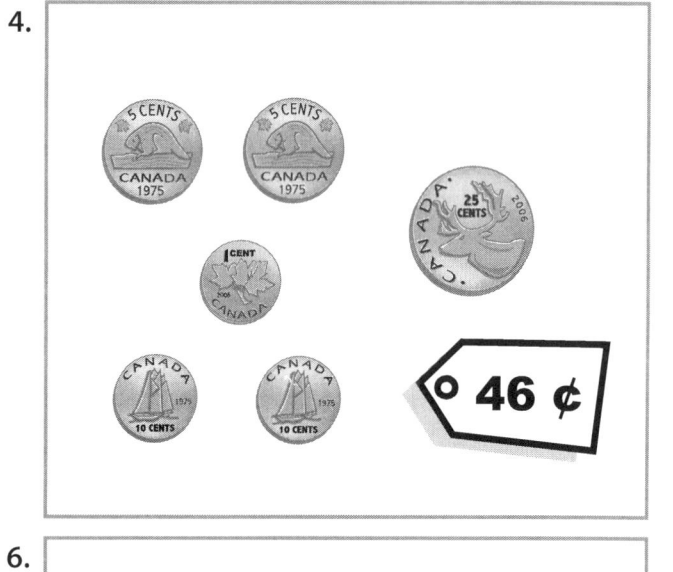

1. 70 ¢

2. 27 ¢

3. 26 ¢

4. 46 ¢

5. 30 ¢

6. 50 ¢

Associer la valeur aux pièces de monnaie

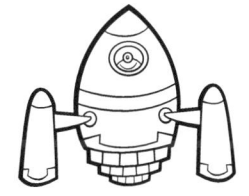

🍎	0,41 $	
🐸	1,00 $	
🦖	0,93 $	
🐟	0,61 $	
🚀	0,52 $	
🐈	0,39 $	

Quelles pièces de monnaie?

Dessine les pièces qui représentent la valeur indiquée.

1. 32 ¢

2. 67 ¢

3. 51 ¢

4. 24 ¢

5. 78 ¢

6. 45 ¢

Quelles pièces de monnaie?

Dessine les pièces qui représentent la valeur indiquée.

1. 80 ¢

2. 79 ¢

3. 56 ¢

4. 93 ¢

5. 62 ¢

6. 23 ¢

Toujours 1,00 $

Dessine différentes combinaisons de pièces qui totalisent 1,00 $.

1.

2.

3.

4.

5.

6.

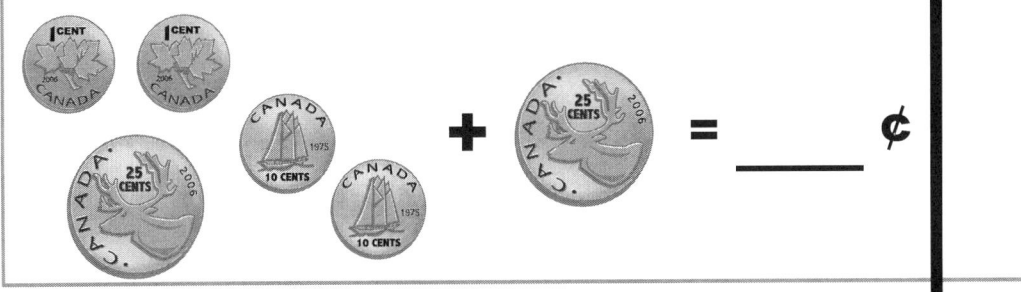

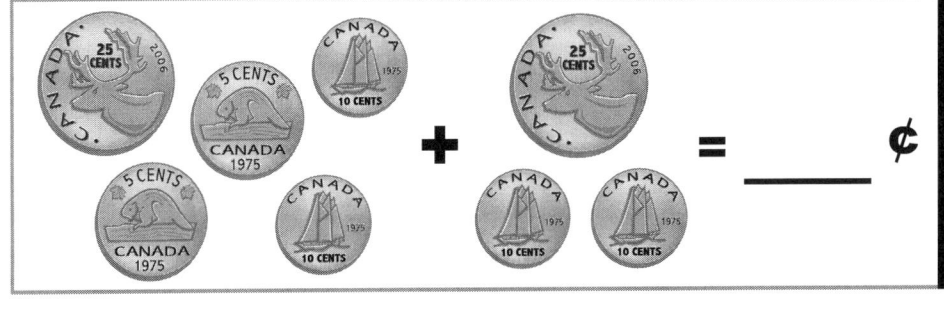

Additionner des pièces de monnaie

Additionne les pièces de monnaie.

Montre tes calculs.

1. (2 × 25¢ + 5¢ + 1¢) + (4 × 10¢) = _____ ¢

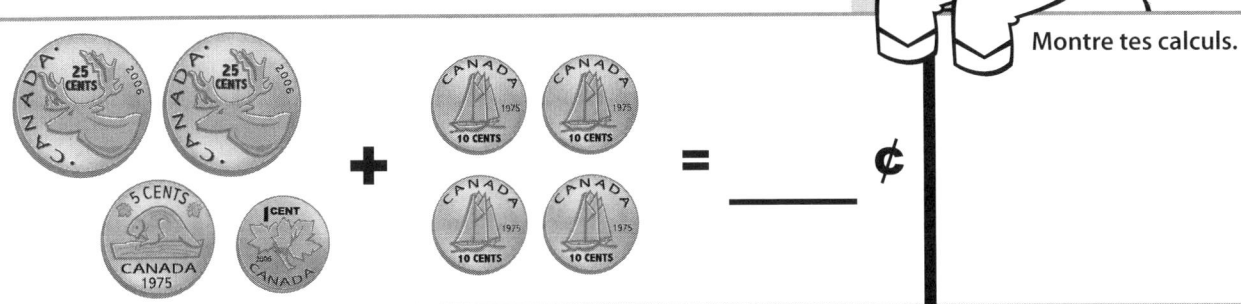

2. (25¢ + 10¢ + 10¢) + (1¢ + 5¢ + 10¢) = _____ ¢

3. (1¢ + 1¢ + 25¢ + 10¢ + 10¢) + 25¢ = _____ ¢

4. (10¢ + 10¢ + 10¢) + (25¢ + 10¢ + 1¢ + 5¢ + 25¢) = _____ ¢

5. (25¢ + 5¢ + 10¢ + 5¢ + 10¢) + (25¢ + 10¢ + 10¢) = _____ ¢

Additionner des pièces de monnaie

Additionne les pièces de monnaie.

Montre tes calculs.

1. (25¢ + 1¢ + 10¢ + 10¢) + (10¢ + 10¢ + 10¢) = _____ ¢

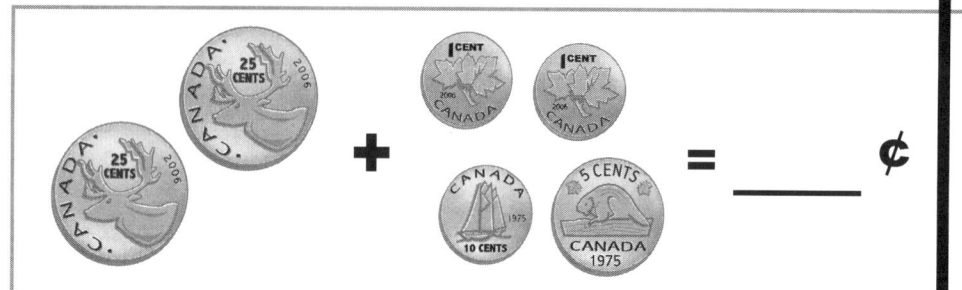

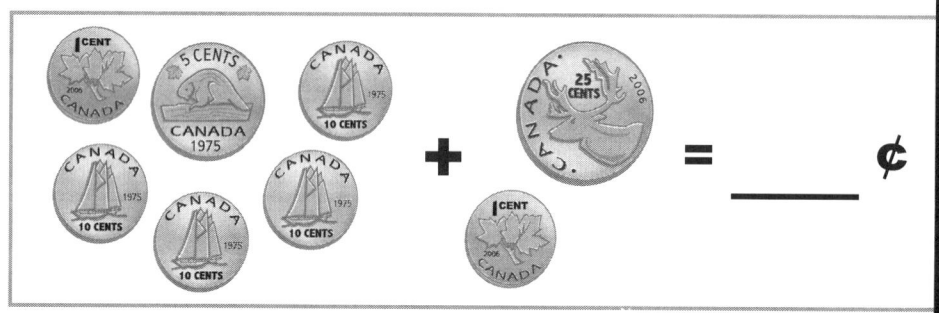

2. (25¢ + 25¢) + (1¢ + 1¢ + 10¢ + 5¢) = _____ ¢

3. (1¢ + 5¢ + 10¢ + 10¢ + 10¢ + 10¢) + (25¢ + 1¢) = _____ ¢

4. (10¢ + 5¢ + 5¢ + 1¢ + 1¢ + 25¢) + (25¢) = _____ ¢

5. (25¢ + 10¢ + 25¢) + (25¢ + 1¢) = _____ ¢

Chalkboard Publishing © 2011

Soustraire des pièces de monnaie

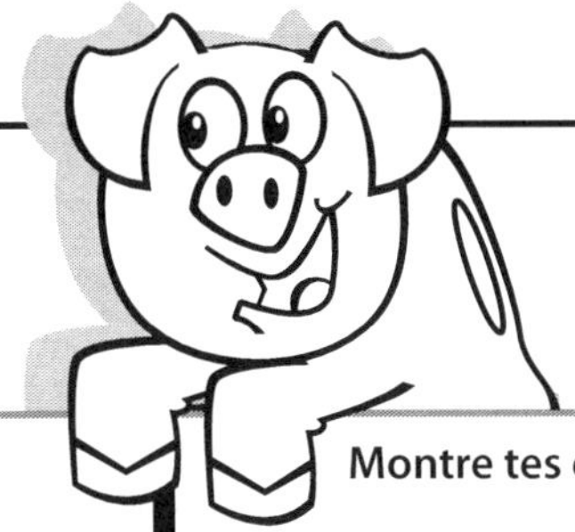

Soustrais les pièces de monnaie.

Montre tes calculs.

1. _____ ¢

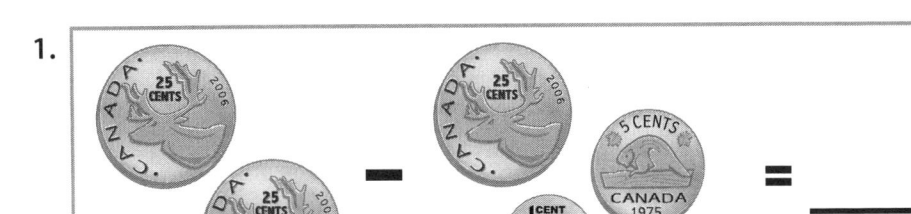

2. _____ ¢

3. _____ ¢

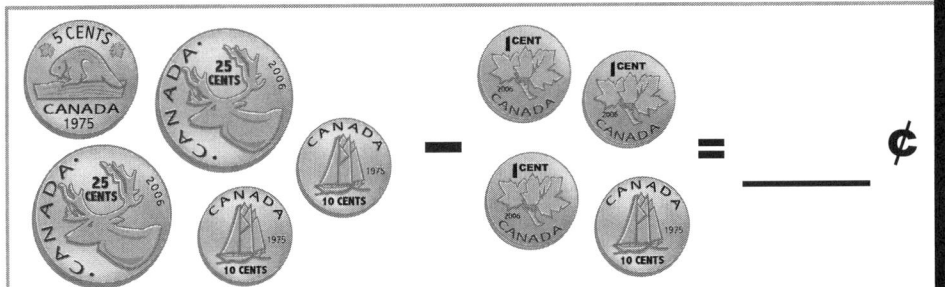

4. _____ ¢

5. _____ ¢

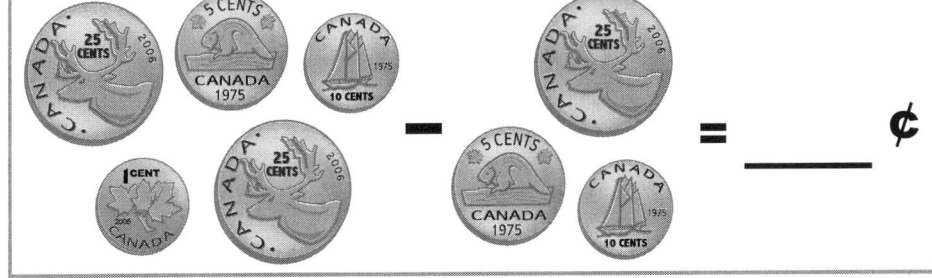

Soustraire des pièces de monnaie

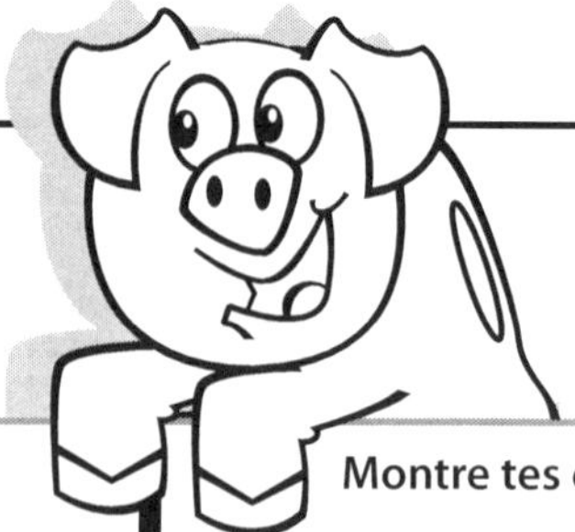

Soustrais les pièces de monnaie.

1. _____ ¢

2. _____ ¢

3.  _____ ¢

4. _____ ¢

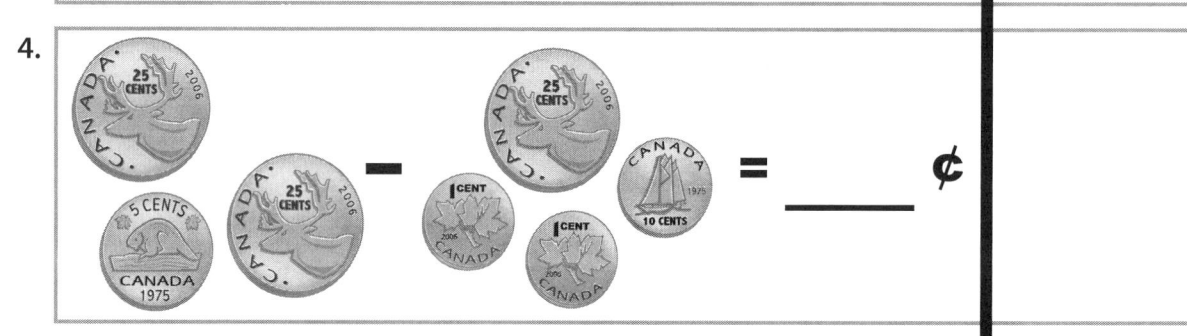

5.  _____ ¢

Montre tes calculs.

Quelles pièces de monnaie?

Dessine les pièces de monnaie appropriées.

1. Dessine 5 pièces qui totalisent 27 ¢.

2. Dessine 3 pièces qui totalisent 40 ¢.

3. Dessine 6 pièces qui totalisent 24 ¢.

4. Dessine 6 pièces qui totalisent 82 ¢.

5. Dessine 4 pièces qui totalisent 61 ¢.

6. Dessine 6 pièces qui totalisent 18 ¢.

Le plus petit nombre de pièces

Utilise le plus petit nombre de pièces possible pour arriver au montant indiqué.

1. **27 ¢**

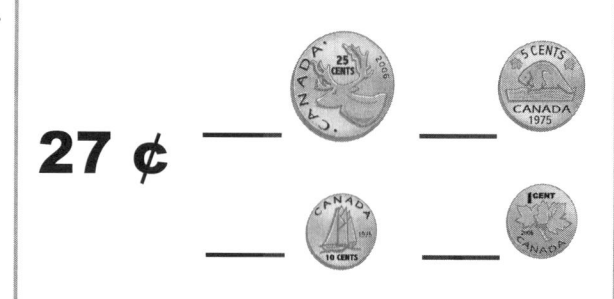

2. **59 ¢**

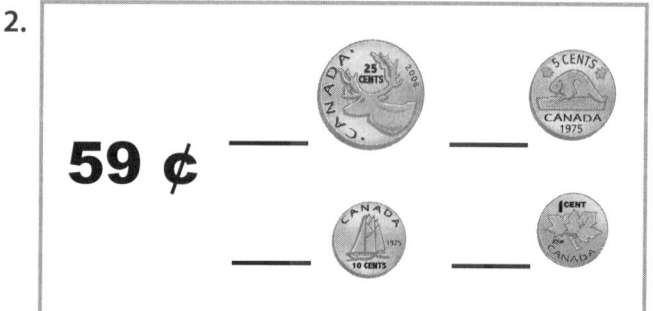

3. **48 ¢**

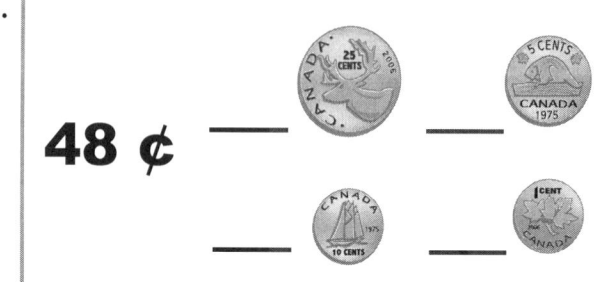

4. **36 ¢**

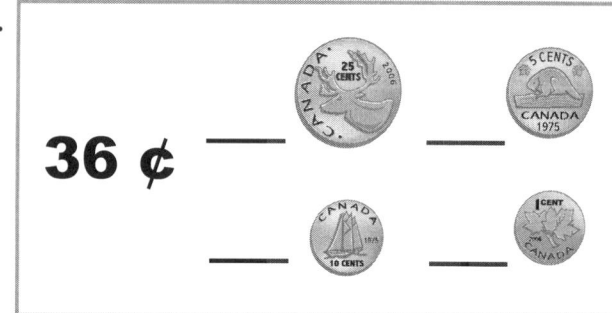

5. **63 ¢**

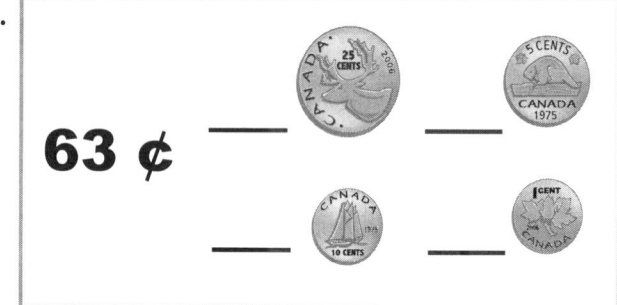

6. **90 ¢**

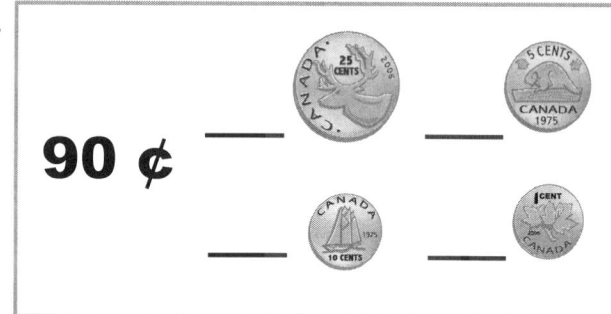

7. **94 ¢**

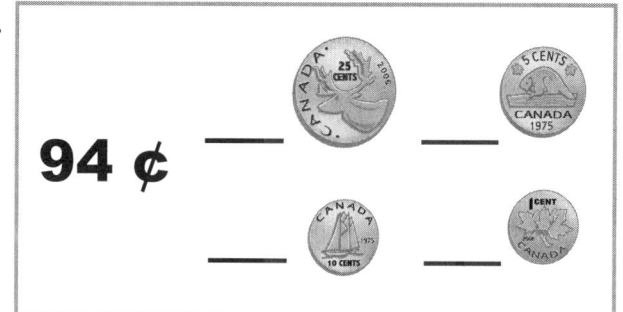

8. **80 ¢**

9. **41 ¢**

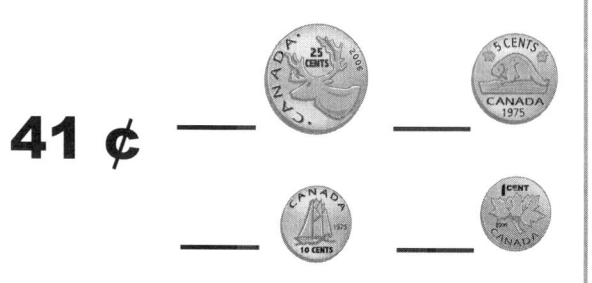

10. **75 ¢**

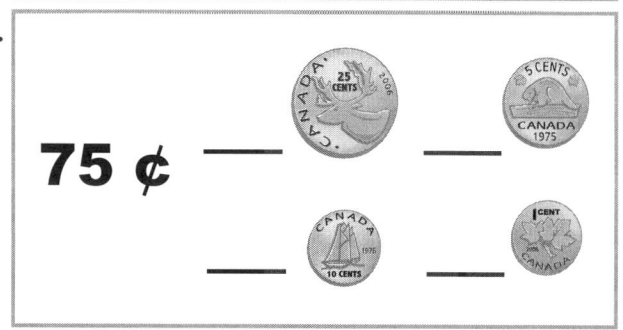

Montants équivalents

Montre deux façons d'arriver au même montant.

Première façon **Deuxième façon**

1. 83 ¢

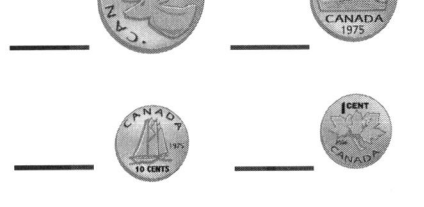

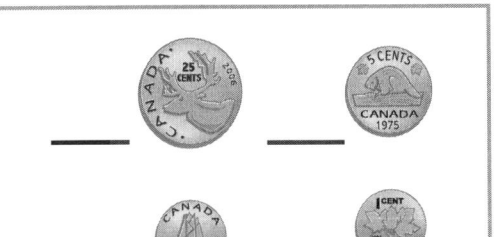

2. 90 ¢

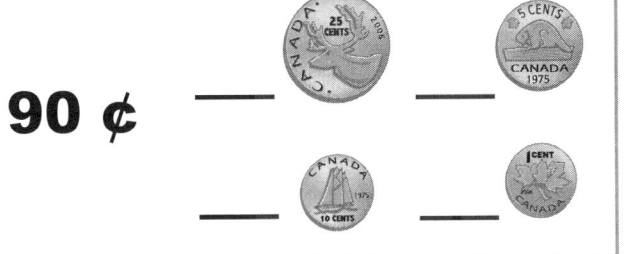

3. 75 ¢

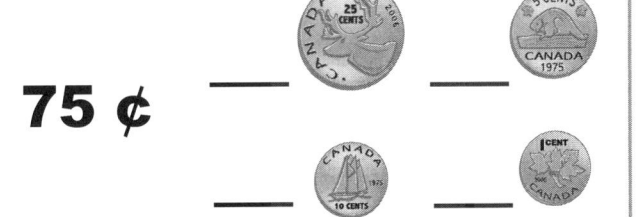

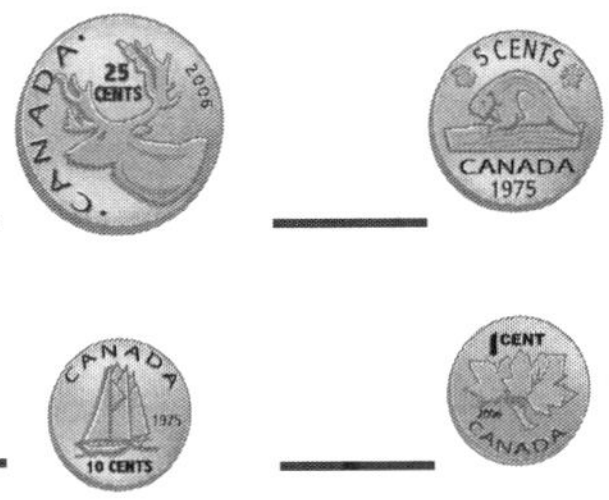

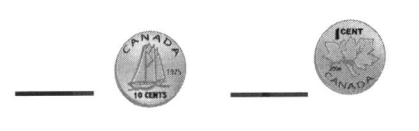

4. 94 ¢

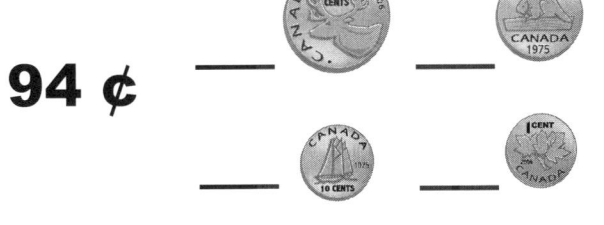

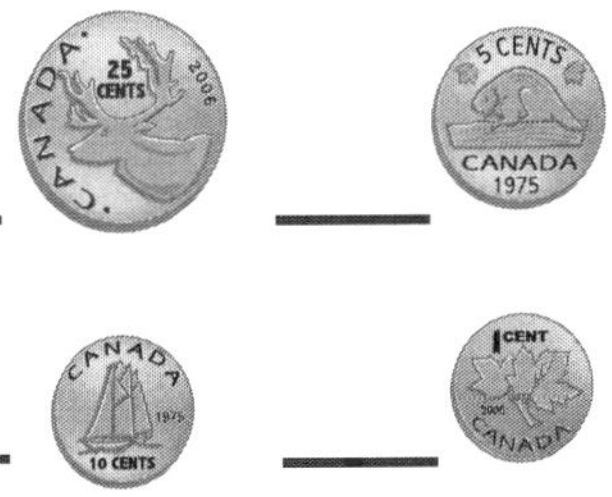

5. 41 ¢

Montants équivalents

Montre deux façons d'arriver au même montant.

Première façon **Deuxième façon**

1. 36 ¢

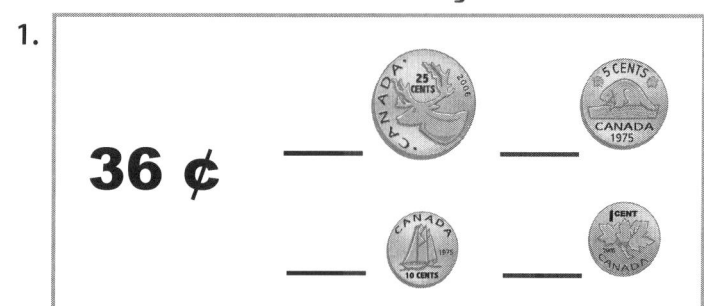

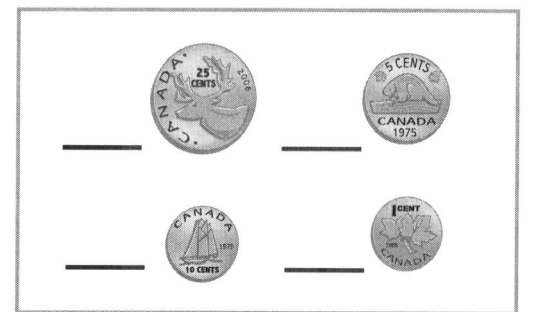

2. 74 ¢

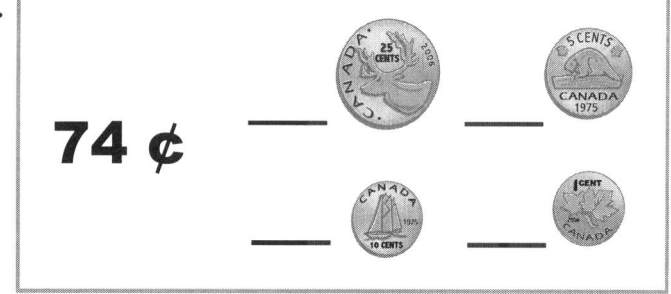

3. 83 ¢

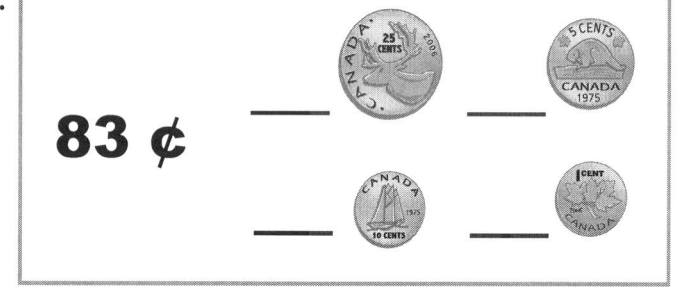

4. 66 ¢

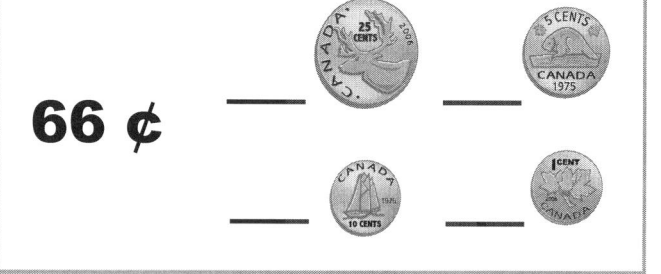

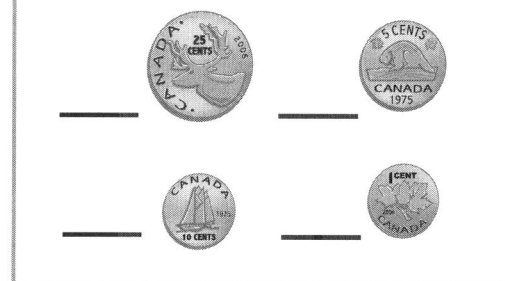

5. 91 ¢

Quelles pièces de monnaie?

Dessine ou découpe et colle les pièces de monnaie appropriées.

1. 2,35 $

2. 1,43 $

3. 5,90 $

4. 4,10 $

5. 3,76 $

6. 8,16 $

Quelles pièces de monnaie?

Dessine ou découpe et colle les pièces de monnaie appropriées.

1. 6,18 $

2. 7,16 $

3. 5,20 $

4. 4,23 $

5. 3,54 $

6. 7,82 $

Les nombres manquants

Indique le nombre qui manque.

1. 1 pièce de 25 ¢ + 8 pièces de 5 ¢ + 4 pièces de 1 ¢ = _____ ¢

2. 2 pièces de 25 ¢ + 4 pièces de 10 ¢ + _____ pièces de 1 ¢ = 97 ¢

3. 3 pièces de 10 ¢ + _____ pièces de 5 ¢ + 8 pièces de 1 ¢ = 83 ¢

4. _____ pièces de 25 ¢ + 5 pièces de 5 ¢ + 7 pièces de 1 ¢ + 1 pièce de 10 ¢ = 67 ¢

5. _____ pièces de 25 ¢ + 4 pièces de 5 ¢ + 9 pièces de 1 ¢ = 79 ¢

6. 2 pièces de 25 ¢ + 6 pièces de 5 ¢ + _____ pièces de 1 ¢ = 80 ¢

7. 8 pièces de 5 ¢ + 5 pièces de 10 ¢ + _____ pièces de 1 ¢ = 97 ¢

8. 2 pièces de 25 ¢ + 2 pièces de 5 ¢ + 1 pièce de 10 ¢ + 5 pièces de 1 ¢ = _____ ¢

Le plus petit nombre de pièces

Dessine le plus petit nombre de pièces possible pour arriver au total.

1. **Dessine 6 pièces qui totalisent 2,30 $.**

2. **Dessine 12 pièces qui totalisent 5,44 $.**

3. **Dessine 9 pièces qui totalisent 2,84 $.**

4. **Dessine 9 pièces qui totalisent 4,57 $.**

5. **Dessine 11 pièces qui totalisent 8,82 $.**

Au magasin

Réponds aux questions.

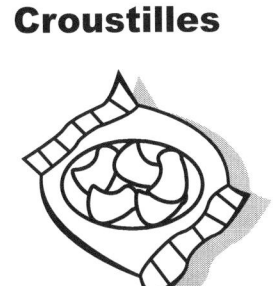

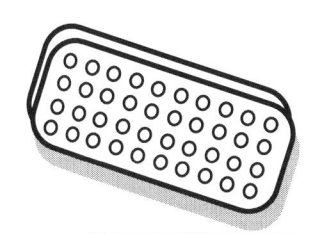

Croustilles — 0,25 $
Tablette de chocolat — 0,33 $
Boisson — 0,46 $
Barre glacée — 0,52 $

1. Combien coûtent une boisson et une tablette de chocolat?

2. Combien coûtent un sac de croustilles et une barre glacée?

3. Combien coûtent une barre glacée et une boisson?

4. Combien coûtent deux boissons?

5. Tu achètes une boisson et tu paies avec un dollar. Quelle sera ta monnaie?

6. Tu achètes une barre glacée et tu paies avec un dollar. Quelle sera ta monnaie?

À la cantine de l'école

A. Menu

Pointe de pizza — 1,50 $

Sandwich — 1,90 $

Macaroni au fromage — 1,80 $

Bâtonnets de légumes — 1,15 $

Jus — 0,85 $

Lait au chocolat — 0,90 $

Limonade — 0,95 $

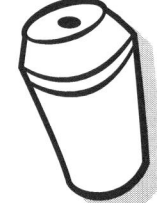

Gelée dessert — 0,85 $

À la cantine de l'école

B. Réponds aux questions.

1. Écris les prix des plats et boissons indiqués sur le menu de la cantine, du prix le moins élevé au prix le plus élevé.

2. Combien coûtent deux pointes de pizza et une portion de bâtonnets de légumes?

3. Combien coûtent une pointe de pizza, une portion de bâtonnets de légumes et un berlingot de lait au chocolat?

4. Alexa achète un sandwich et paie avec un dollar. Quelle sera sa monnaie?

5. Combien coûtent une portion de macaroni au fromage et un jus? Si Julien donne deux pièces de deux dollars au caissier, est-ce suffisamment d'argent? Explique ta réponse.

À la cantine de l'école

C. Réponds aux questions.

1. Combien coûtent une pointe de pizza, un jus et une gelée dessert? Si Mara donne une pièce d'un dollar et une pièce de deux dollars à la caissière, est-ce suffisamment d'argent? Explique ta réponse.

2. Julie a 5,00 $ pour acheter son dîner et celui de son frère. Qu'est-ce qu'elle peut acheter?

3. Marc a 4,00 $. Il achète 1 sandwich et 1 limonade. A-t-il suffisamment d'argent pour acheter aussi une gelée dessert? Explique ta réponse.

4. Qu'est-ce que tu achèterais à la cantine si tu avais 3 pièces de deux dollars?

5. Qu'est-ce que tu achèterais à la cantine si tu avais 10,00 $?

Comparer des valeurs

A. Compare les valeurs, puis écris >, < ou = dans le ◯.

1.

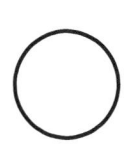

Quelle est la valeur? _____   Quelle est la valeur? _____

2.

Quelle est la valeur? _____   Quelle est la valeur? _____

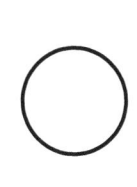

3.

Quelle est la valeur? _____   Quelle est la valeur? _____

B. Réfléchis bien : Écris chaque montant sous forme de nombre décimal.

1. douze dollars et neuf cents _____

2. quarante-quatre dollars et six cents _____

3. neuf dollars et quarante-quatre cents _____

Comparer des valeurs

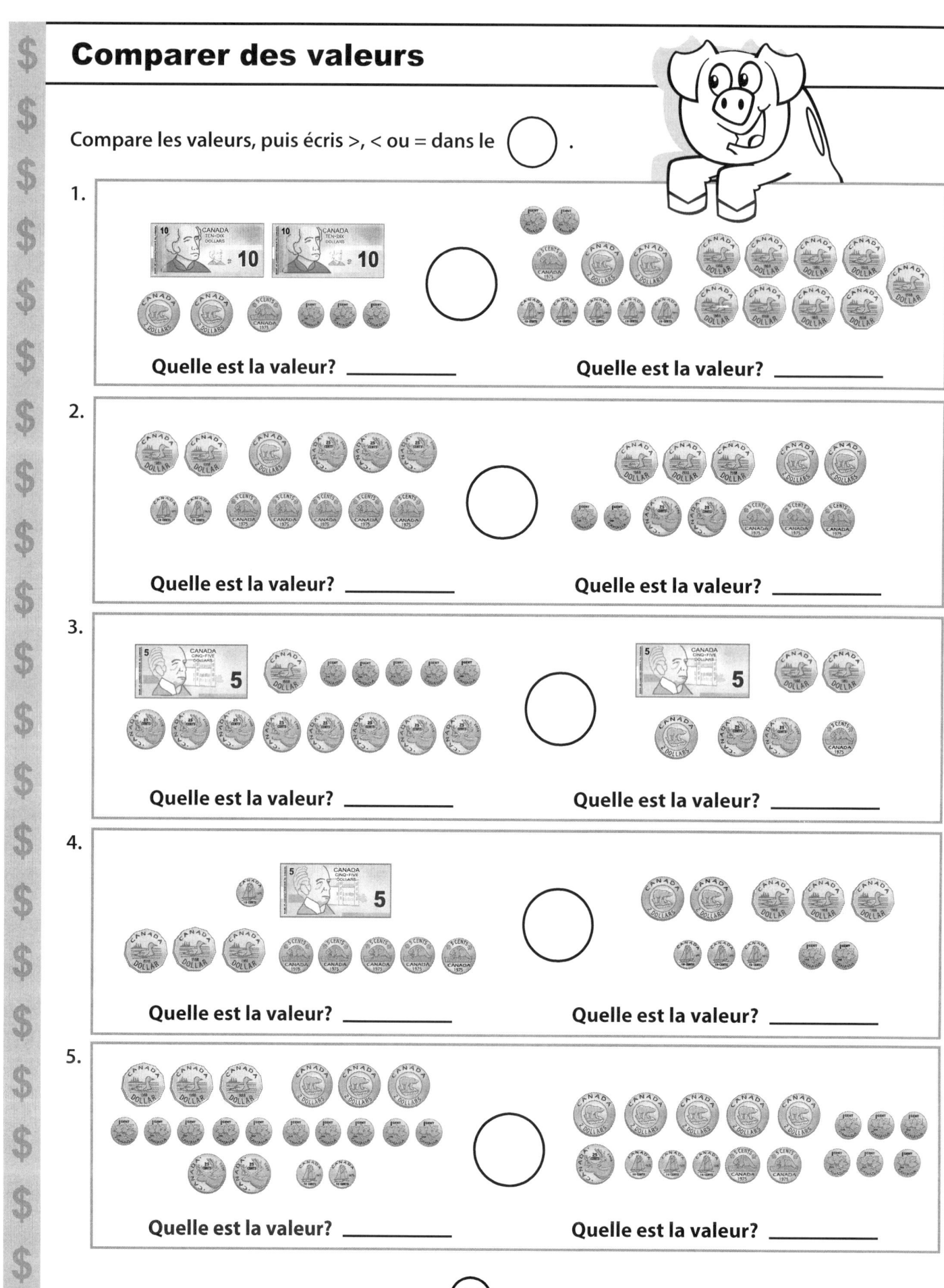

Compare les valeurs, puis écris >, < ou = dans le ◯.

1.
   Quelle est la valeur? _____   Quelle est la valeur? _____

2.
   Quelle est la valeur? _____   Quelle est la valeur? _____

3.
   Quelle est la valeur? _____   Quelle est la valeur? _____

4.
   Quelle est la valeur? _____   Quelle est la valeur? _____

5.
   Quelle est la valeur? _____   Quelle est la valeur? _____

Combien d'argent y a-t-il?

Compte l'argent et écris la somme dans la case à droite.

1. 
2. 
3.
4. 
5.

Combien d'argent y a-t-il?

Compte l'argent et écris la somme dans la case à droite.

1.
2.
3.
4.
5.

Sous forme de nombre décimal

Écris chaque somme sous forme de nombre décimal.

1. 2 billets de vingt dollars, 6 pièces de cinq cents, 2 pièces d'un cent

2. 1 billet de vingt dollars, 5 pièces de cinq cents, 4 pièces de vingt-cinq cents, 3 pièces de dix cents

3. 3 billets de dix dollars, 7 pièces de dix cents, 1 pièce de cinq cents

4. 1 pièce de vingt-cinq cents, 9 pièces d'un cent, 4 pièces de cinq cents

5. 4 pièces d'un dollar, 8 pièces de dix cents, 3 pièces d'un cent, 3 pièces de vingt-cinq cents, 4 pièces de cinq cents

6. 8 pièces d'un cent, 5 pièces de cinq cents, 2 pièces de dix cents

7. 4 billets de cinq dollars, 2 pièces de deux dollars, 9 pièces de cinq cents

8. 1 pièce de dix cents, 6 pièces d'un cent

9. 7 pièces de dix cents, 6 pièces de vingt-cinq cents, 4 pièces d'un cent

10. 5 pièces de vingt-cinq cents, 8 pièces de cinq cents

11. 2 billets de cinq dollars, 1 pièce d'un dollar, 2 pièces de vingt-cinq cents, 1 pièce de dix cents

12. 5 pièces de deux dollars, 4 pièces de vingt-cinq cents, 5 pièces de cinq cents, 7 pièces de dix cents

13. 3 billets de dix dollars, 3 pièces de cinq cents, 6 pièces de dix cents

14. 2 pièces d'un cent, 9 pièces de cinq cents, 2 pièces de vingt-cinq cents, 2 pièces d'un dollar

15. 3 billets de cinq dollars, 3 pièces d'un cent, 8 pièces de dix cents, 4 pièces de cinq cents

Sous forme de nombre décimal

Écris chaque somme sous forme de nombre décimal.

1. 7 pièces de dix cents, 3 pièces d'un cent, 5 pièces de vingt-cinq cents

2. 3 billets de vingt dollars, 1 pièce d'un dollar, 5 pièces de cinq cents, 4 pièces de vingt-cinq cents, 6 pièces d'un cent

3. 4 billets de vingt dollars, 1 pièce de cinq cents, 9 pièces de dix cents

4. 2 billets de vingt dollars, 1 pièce d'un dollar, 4 pièces de dix cents, 8 pièces d'un cent, 1 pièce de vingt-cinq cents

5. 2 billets de cinq dollars, 2 pièces de dix cents, 3 pièces de cinq cents, 2 pièces de vingt-cinq cents, 6 pièces d'un cent

6. 9 pièces de cinq cents, 2 pièces d'un cent, 3 pièces de vingt-cinq cents

7. 2 billets de dix dollars, 6 billets de cinq dollars, 8 pièces de dix cents, 5 pièces d'un cent

8. 1 billet de dix dollars, 6 pièces de vingt-cinq cents, 1 pièce de cinq cents, 7 pièces d'un cent

9. 3 billets de dix dollars, 4 pièces d'un cent, 8 pièces de dix cents

10. 3 pièces de cinq cents, 4 pièces de dix cents, 6 pièces d'un cent

11. 1 pièce de cinq cents, 3 pièces de vingt-cinq cents

12. 9 pièces de deux dollars, 7 pièces de cinq cents, 9 pièces de dix cents

13. 4 pièces d'un dollar, 5 pièces de vingt-cinq cents, 5 pièces d'un cent, 2 pièces de dix cents, 3 pièces de cinq cents

14. 7 pièces d'un cent, 4 pièces de vingt-cinq cents, 2 pièces de cinq cents

15. 1 billet de cinquante dollars, 1 billet de vingt dollars, 4 pièces de dix cents

Arrondir un montant au dollar le plus proche

Arrondis chaque montant au dollar le plus proche.

1. 929,42 $ _____
2. 6,47 $ _____
3. 70,38 $ _____
4. 10,02 $ _____
5. 5,74 $ _____
6. 169,57 $ _____
7. 7,56 $ _____
8. 407,26 $ _____
9. 638,69 $ _____
10. 78,95 $ _____
11. 73,80 $ _____
12. 3,11 $ _____
13. 612,24 $ _____
14. 7,49 $ _____
15. 85,40 $ _____
16. 90,73 $ _____
17. 578,01 $ _____
18. 6,53 $ _____

Arrondir un montant

Arrondis chaque montant à la valeur de position du chiffre souligné.

1. **9**6,28 $ _____

2. **5**3,55 $ _____

3. **1**,55 $ _____

4. **4**,64 $ _____

5. **1**,76 $ _____

6. 3**6**,99 $ _____

7. **9**,82 $ _____

8. 5**0**,10 $ _____

9. **2**6,48 $ _____

10. **7**,07 $ _____

11. **4**,31 $ _____

12. 4**0**,43 $ _____

13. **6**,52 $ _____

14. 3**4**,90 $ _____

15. 3**0**,68 $ _____

16. **8**,34 $ _____

17. **7**,26 $ _____

18. **2**,50 $ _____

Comparer des montants

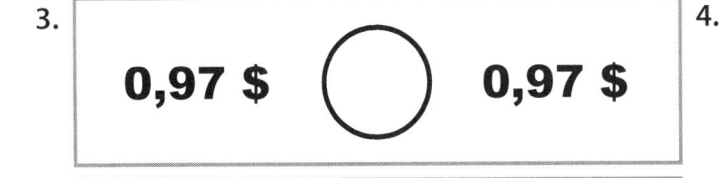

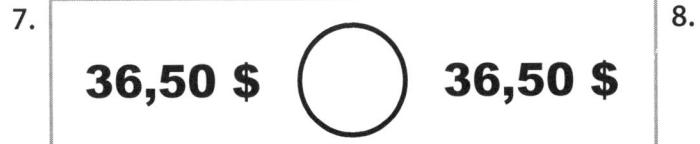

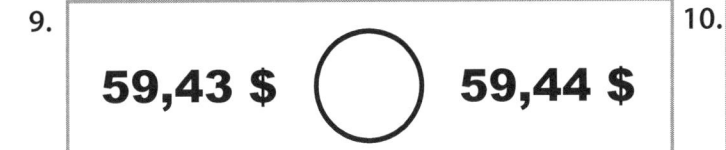

Compare les valeurs, puis écris >, < ou = dans le ◯.

1. 53,82 $ ◯ 3,82 $
2. 78,25 $ ◯ 25,78 $
3. 0,97 $ ◯ 0,97 $
4. 34,59 $ ◯ 26,59 $
5. 61,18 $ ◯ 80,04 $
6. 5,35 $ ◯ 5,76 $
7. 36,50 $ ◯ 36,50 $
8. 2,31 $ ◯ 2,57 $
9. 59,43 $ ◯ 59,44 $
10. 8,01 $ ◯ 8,10 $
11. 43,05 $ ◯ 12,82 $
12. 6,80 $ ◯ 6,44 $
13. 4,76 $ ◯ 9,99 $
14. 94,53 $ ◯ 94,60 $
15. 87,27 $ ◯ 87,72 $
16. 7,16 $ ◯ 7,61 $
17. 2,43 $ ◯ 1,38 $
18. 56,74 $ ◯ 56,06 $

Problèmes d'argent

Résous les problèmes ci-dessous. Montre tes calculs.

1. Alexa achète un bouquet de fleurs pour sa mère. Les fleurs coûtent 6,58 $. Alexa donne un billet de vingt dollars à la caissière. Combien de monnaie recevra-t-elle?

2. Ian achète une boîte de Flocons dorés qui coûte 3,84 $. Combien de monnaie recevra-t-il s'il paie avec un billet de dix dollars?

3. Catou achète un journal personnel. Le journal coûte 7,63 $. Catou donne un billet de vingt dollars au caissier. Combien de monnaie recevra-t-elle?

4. André achète une voiture jouet. La voiture coûte 10,93 $. André donne un billet de dix dollars et un billet de cinq dollars à la caissière. Combien de monnaie recevra-t-il?

5. Raphaël achète une coupe de crème glacée. La coupe coûte 5,34 $. Raphaël donne 3 pièces d'un dollar au caissier. Combien de monnaie recevra-t-il?

Problèmes d'argent

Résous les problèmes ci-dessous. Montre tes calculs.

1. Combien de pièces de cinq cents correspondent à 9 pièces de deux dollars?

2. Basil achète un chandail de hockey qui coûte 54,42 $. Il donne 6 billets et 5 pièces de monnaie à la caissière. De quels billets et pièces de monnaie s'agit-il?

3. Combien d'argent y a-t-il en tout?
   5 billets de vingt dollars, 6 pièces de deux dollars, 3 pièces d'un dollar, 2 pièces de vingt-cinq cents, 5 pièces de dix cents, 7 pièces de cinq cents et 3 pièces d'un cent

4. Sophie achète cinq bouquet de lis. Chaque bouquet coûte 4,30 $. Elle donne 20,00 $ à la caissière. Est-ce suffisant? Explique ta réponse.

5. Carlo achète 4 CD de musique. Chaque CD coûte 15,99 $. Combien coûtent les 4 CD?

Problèmes d'argent

Résous les problèmes ci-dessous. Montre tes calculs.

1. Valérie achète 5 friandises. Chaque friandise coûte quatre-vingt-dix-neuf cents. Combien Valérie doit-elle payer en tout?

2. Un billet de cinéma coûte 8,75 $. Suzie achète un billet, et achète aussi du maïs soufflé à 2,40 $ et une boisson à 2,00 $. Combien Suzie dépense-t-elle en tout?

3. Au marché, Juan achète 4 pommes à 36 cents chacune. Il achète aussi 3 oranges à 42 cents chacune. Juan donne 2 pièces de deux dollars au caissier. Combien de monnaie reçoit-il?

4. Katia achète un livre qui coûte 11,41 $. Félix achète un livre qui coûte 16,39 $. Combien le livre de Félix coûte-t-il de plus que le livre de Katia?

5. Anne-Marie achète 8 biscuits pour chiens. Chaque biscuit coûte 2,34 $. Combien Anne-Marie paie-t-elle en tout?

Conçois une pièce de monnaie

Conçois ta propre pièce de monnaie, puis décris-la.

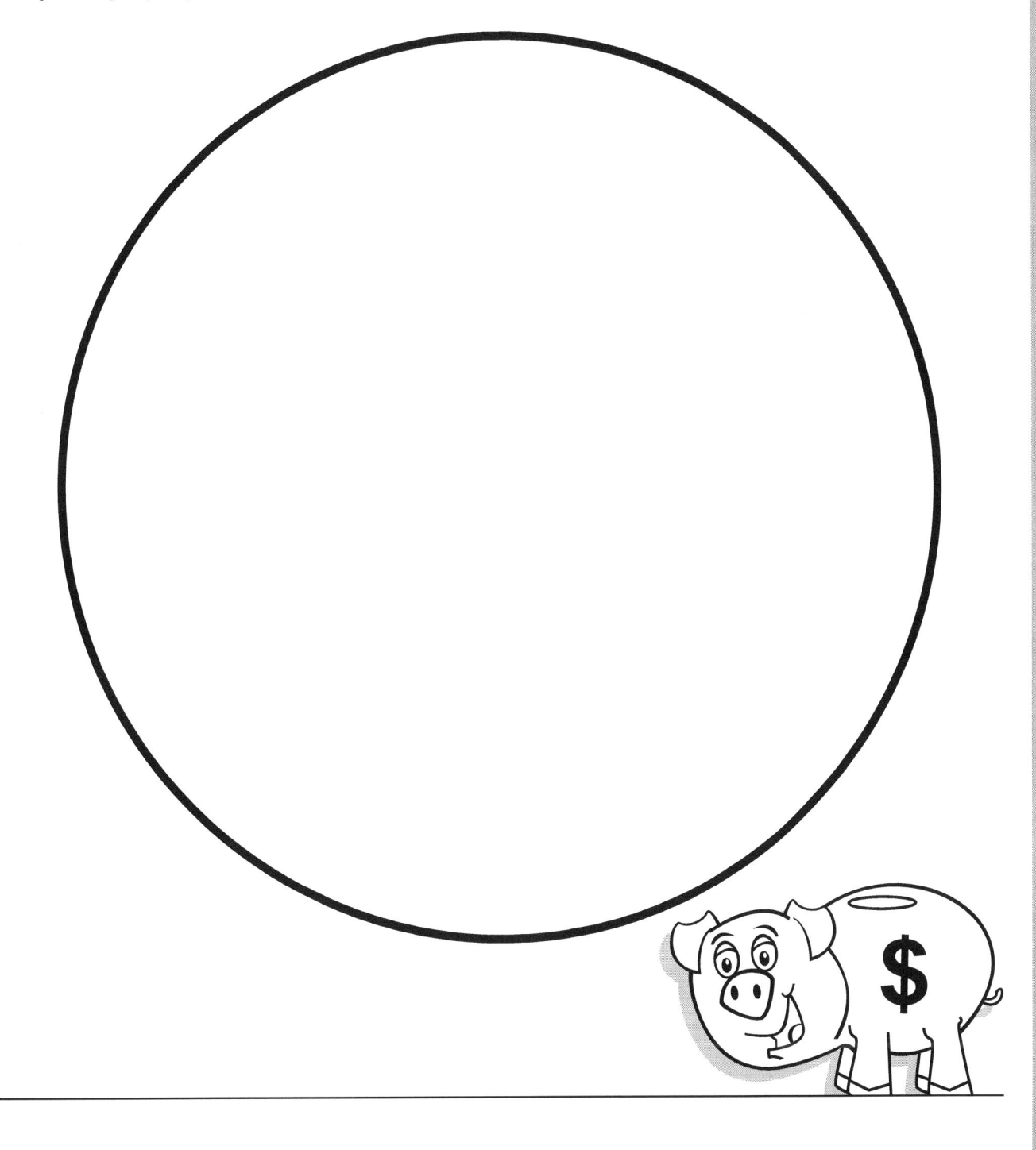

_____

_____

_____

Épreuve sur l'argent - 1ʳᵉ année

Quelle est la valeur totale de chaque groupe de pièces de monnaie?

1.
2.
3.
4.
5.
6.
7.
8.
9.
10.

Épreuve de maths - 1ʳᵉ année : Addition de pièces de monnaie

Additionne les pièces de monnaie.

1. 5¢ 1¢ + 1¢ = _____ ¢

2. 5¢ 1¢ + 1¢ 1¢ = _____ ¢

3. 1¢ 1¢ 1¢ + 1¢ 1¢ = _____ ¢

4. 5¢ 1¢ + 1¢ 1¢ 1¢ = _____ ¢

5. 5¢ 1¢ 1¢ + 1¢ = _____ ¢

Épreuve de maths - 1ʳᵉ année : Soustraction de pièces de monnaie

Soustrais les pièces de monnaie.

1. (5¢ + 1¢ + 1¢) − (1¢ + 1¢ + 1¢) = _____ ¢

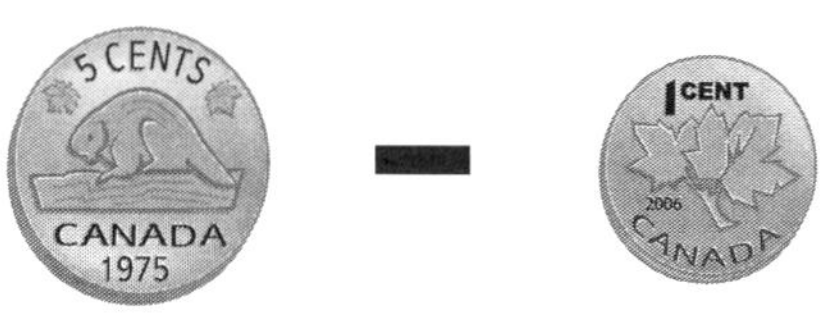

2. (5¢ + 5¢) − (1¢ + 1¢ + 1¢) = _____ ¢

3. (5¢ + 1¢) − (1¢ + 1¢ + 1¢ + 1¢) = _____ ¢

4. (5¢ + 1¢ + 1¢ + 1¢) − (1¢) = _____ ¢

5. 5¢ − 1¢ = _____ ¢

Épreuve sur l'argent - 2ᵉ année

Quelle est la valeur totale de chaque groupe de pièces de monnaie?

1. 25¢ + 10¢ + 10¢ + 5¢ + 1¢ + 1¢
2. 25¢ + 25¢ + 5¢ + 1¢
3. 25¢ + 10¢ + 10¢ + 5¢ + 1¢ + 1¢ + 1¢
4. 25¢ + 25¢ + 25¢ + 25¢
5. 25¢ + 10¢ + 10¢ + 10¢ + 5¢ + 1¢
6. 10¢ + 10¢ + 10¢ + 5¢ + 5¢ + 1¢ + 1¢
7. 25¢ + 10¢ + 10¢ + 10¢ + 5¢ + 5¢ + 1¢
8. 25¢ + 25¢ + 25¢ + 10¢ + 10¢ + 1¢ + 1¢
9. 25¢ + 25¢ + 10¢ + 5¢ + 1¢ + 1¢ + 1¢
10. 25¢ + 25¢ + 10¢ + 5¢ + 5¢ + 5¢ + 5¢

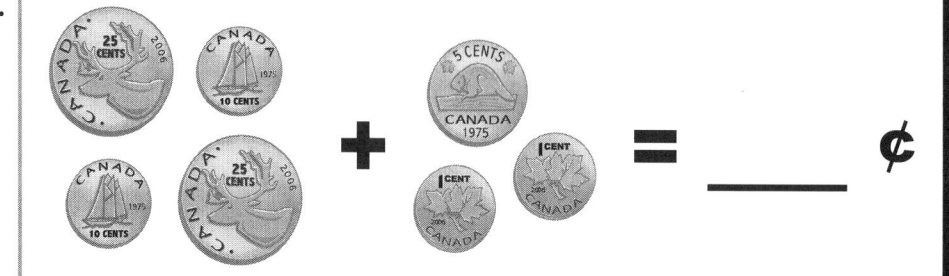

Épreuve de maths - 2ᵉ année : Addition de pièces de monnaie

Additionne les pièces de monnaie.

1. 25¢ + 1¢ + 5¢ + 10¢ + 10¢ + 10¢ = _____ ¢

   Montre tes calculs.

2. 25¢ + 10¢ + 10¢ + 10¢ + 25¢ + 1¢ + 1¢ = _____ ¢

3. 10¢ + 10¢ + 10¢ + 25¢ + 1¢ + 5¢ + 10¢ = _____ ¢

4. 25¢ + 10¢ + 1¢ + 5¢ + 25¢ + 25¢ = _____ ¢

5. 25¢ + 10¢ + 10¢ + 25¢ + 5¢ + 1¢ + 1¢ = _____ ¢

Épreuve de maths - 2ᵉ année : Soustraction de pièces de monnaie

Soustrais les pièces de monnaie.

Montre tes calculs.

1. 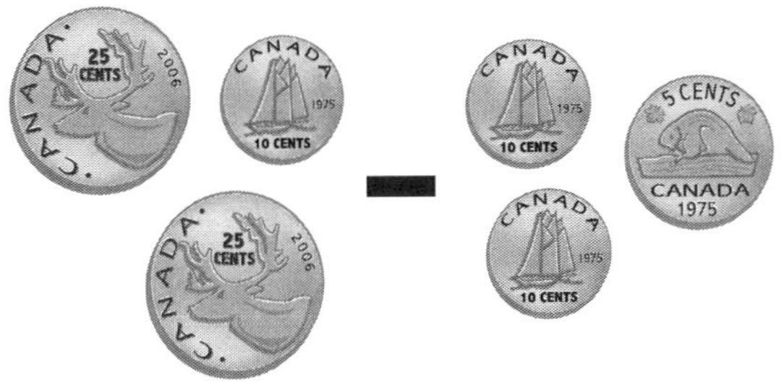 _____ ¢

2. _____ ¢

3. 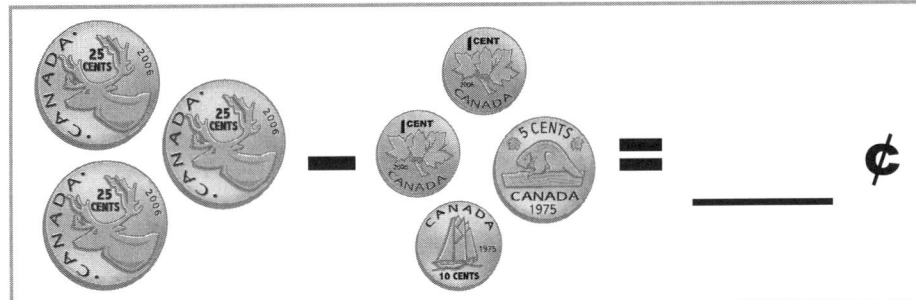 _____ ¢

4.  _____ ¢

5. 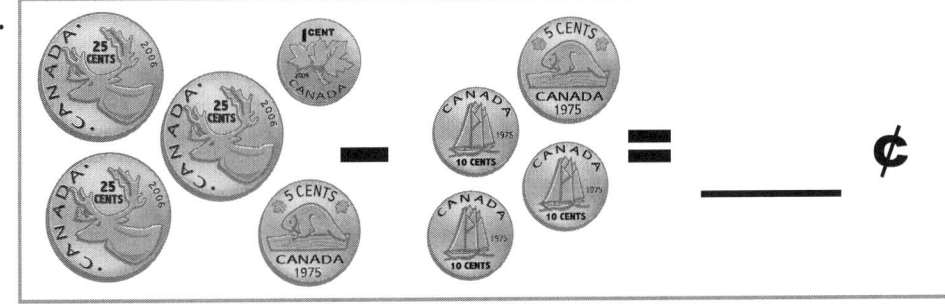 _____ ¢

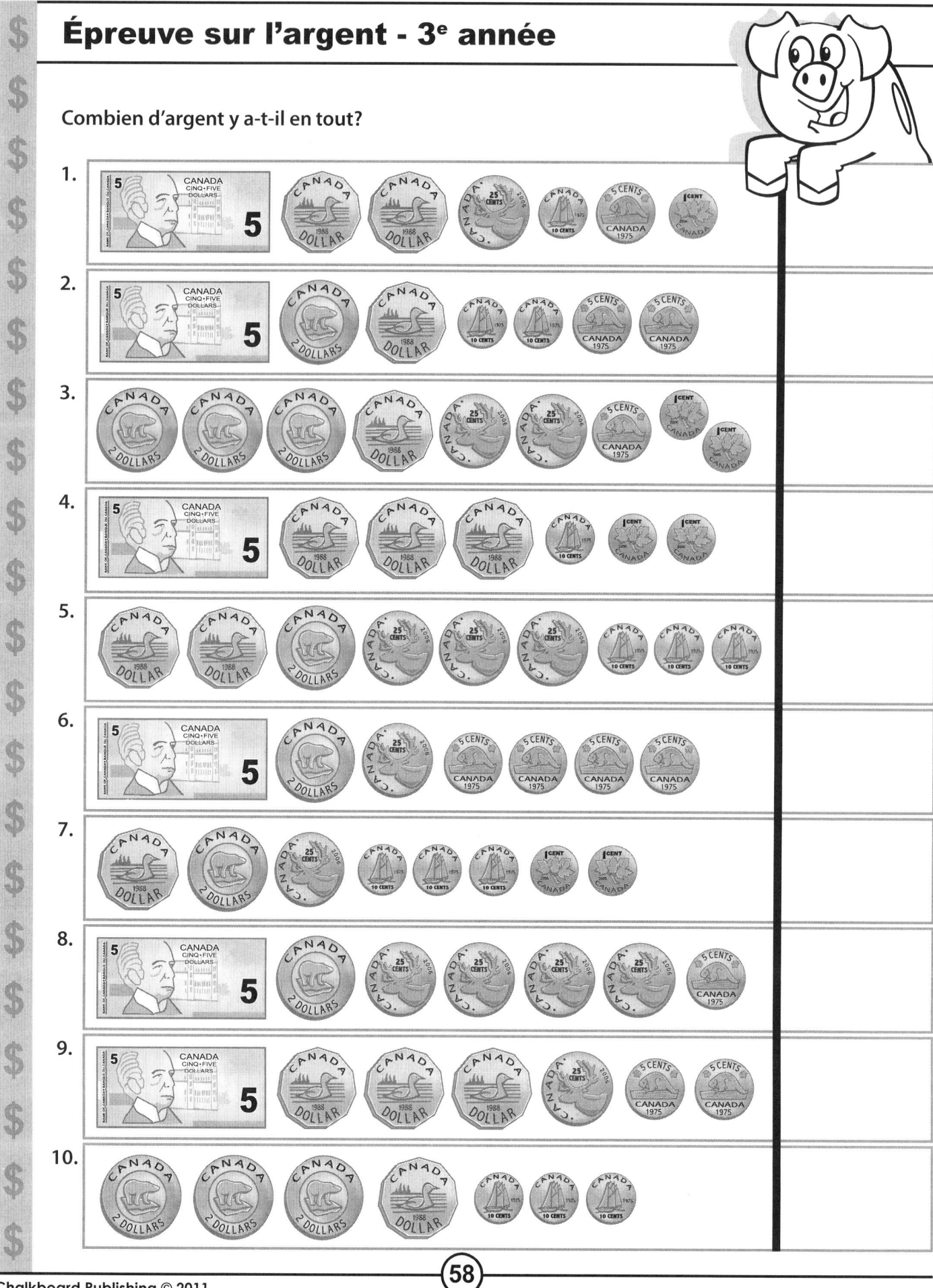

Épreuve sur l'argent - 3ᵉ année

Combien d'argent y a-t-il en tout?

1.
2.
3.
4.
5.
6.
7.
8.
9.
10.

Épreuve sur l'argent - 4e année

Combien d'argent y a-t-il en tout?

1.
2.
3.
4.
5.

Mots cachés - 3ᵉ année

Trouve les mots cachés.

J	D	I	X	K	W	Z	D	U	C
P	O	B	V	C	D	M	Q	R	I
F	L	H	I	Y	M	O	J	B	N
W	L	X	N	C	I	N	Q	K	Q
E	A	R	G	E	N	T	I	M	U
P	R	B	T	F	V	A	C	R	A
I	M	P	A	J	W	N	V	U	N
E	I	R	C	E	N	T	B	Z	T
C	P	I	H	R	S	O	M	M	E
E	Z	X	M	O	N	N	A	I	E

dollar	vingt	pièce
cent	cinquante	monnaie
argent	cinq	somme
montant	dix	prix

Addition et soustraction de montants

A. Nom : _____ Addition et soustraction de montants - N° 1

1. 7,62 $ − 5,71 $
2. 5,77 $ + 1,32 $
3. 2,60 $ + 7,79 $
4. 8,63 $ − 2,18 $
5. 6,85 $ − 2,29 $
6. 1,82 $ + 7,31 $
7. 9,83 $ − 6,16 $

8. 5,22 $ + 3,75 $
9. 8,75 $ − 4,37 $
10. 4,50 $ − 2,50 $
11. 7,73 $ − 5,12 $
12. 9,85 $ − 5,12 $
13. 6,00 $ + 0,75 $
14. 9,42 $ − 1,50 $

15. 9,23 $ − 7,19 $
16. 5,54 $ + 1,62 $
17. 1,97 $ + 4,07 $
18. 4,31 $ − 1,80 $
19. 1,80 $ + 6,29 $
20. 2,18 $ + 7,33 $

Réponses correctes : **20**

B. Nom : _____ Addition et soustraction de montants - N° 2

1. 5,73 $ + 2,36 $
2. 4,54 $ + 1,19 $
3. 6,34 $ − 3,55 $
4. 8,16 $ − 2,35 $
5. 5,82 $ + 4,18 $
6. 8,07 $ − 4,32 $
7. 3,00 $ + 1,56 $

8. 6,50 $ − 0,85 $
9. 9,25 $ − 3,58 $
10. 3,42 $ − 3,35 $
11. 7,46 $ − 5,52 $
12. 7,00 $ + 0,75 $
13. 2,25 $ + 4,80 $
14. 3,28 $ − 1,38 $

15. 2,23 $ + 4,06 $
16. 2,81 $ + 6,62 $
17. 2,82 $ + 5,30 $
18. 4,45 $ + 1,99 $
19. 6,75 $ + 3,48 $
20. 9,17 $ − 3,08 $

Réponses correctes : **20**

Addition de montants

A. Nom : _____ Addition de montants - N° 1

1. 19,73 $ + 42,32 $	2. 35,57 $ + 82,92 $	3. 23,78 $ + 32,92 $	4. 94,61 $ + 27,95 $	5. 10,88 $ + 82,03 $	6. 40,35 $ + 45,88 $	7. 70,57 $ + 23,50 $
8. 13,20 $ + 28,32 $	9. 82,45 $ + 55,41 $	10. 26,66 $ + 49,12 $	11. 77,13 $ + 55,36 $	12. 80,21 $ + 13,18 $	13. 76,23 $ + 41,92 $	14. 83,87 $ + 54,24 $
15. 21,62 $ + 40,50 $	16. 81,61 $ + 74,12 $	17. 45,34 $ + 46,91 $	18. 91,32 $ + 84,69 $	19. 71,24 $ + 32,99 $	20. 66,40 $ + 27,11 $	

Réponses correctes : **20**

B. Nom : _____ Addition de montants - N° 2

1. 11,50 $ + 73,75 $	2. 60,91 $ + 41,67 $	3. 79,87 $ + 60,32 $	4. 26,89 $ + 99,09 $	5. 19,48 $ + 80,07 $	6. 87,46 $ + 57,33 $	7. 52,26 $ + 77,33 $
8. 45,41 $ + 28,37 $	9. 65,75 $ + 89,50 $	10. 96,51 $ + 87,01 $	11. 51,65 $ + 69,54 $	12. 35,03 $ + 46,37 $	13. 27,68 $ + 60,77 $	14. 78,25 $ + 63,77 $
15. 84,82 $ + 73,44 $	16. 60,06 $ + 70,24 $	17. 73,59 $ + 78,20 $	18. 32,41 $ + 23,05 $	19. 82,26 $ + 69,91 $	20. 48,57 $ + 16,70 $	

Réponses correctes : **20**

Chalkboard Publishing © 2011

Soustraction de montants

A. Nom : _____ Soustraction de montants - N° 1

1. 13,91 $ - 13,89 $	2. 47,16 $ - 19,78 $	3. 87,18 $ - 28,89 $	4. 53,23 $ - 14,65 $	5. 52,75 $ - 30,66 $	6. 98,93 $ - 74,54 $	7. 41,18 $ - 12,27 $
8. 28,36 $ - 15,98 $	9. 62,31 $ - 41,96 $	10. 44,33 $ - 42,17 $	11. 18,83 $ - 17,79 $	12. 76,55 $ - 70,17 $	13. 14,24 $ - 12,79 $	14. 56,74 $ - 39,49 $
15. 84,24 $ - 25,61 $	16. 82,77 $ - 15,37 $	17. 84,05 $ - 76,28 $	18. 26,77 $ - 21,96 $	19. 17,69 $ - 17,25 $	20. 98,92 $ - 44,08 $	

Réponses correctes : **20**

B. Nom : _____ Soustraction de montants - N° 2

1. 59,97 $ - 57,96 $	2. 68,41 $ - 17,01 $	3. 59,42 $ - 25,46 $	4. 17,53 $ - 16,23 $	5. 90,91 $ - 37,04 $	6. 28,93 $ - 19,26 $	7. 43,28 $ - 29,98 $
8. 68,72 $ - 48,83 $	9. 86,24 $ - 10,39 $	10. 26,47 $ - 14,85 $	11. 73,97 $ - 35,46 $	12. 51,83 $ - 31,79 $	13. 54,99 $ - 30,19 $	14. 84,12 $ - 60,38 $
15. 18,55 $ - 17,67 $	16. 86,96 $ - 38,91 $	17. 72,92 $ - 38,43 $	18. 63,82 $ - 34,56 $	19. 76,61 $ - 27,98 $	20. 75,27 $ - 54,24 $	

Réponses correctes : **20**

Cartes-éclair - L'argent canadien

Voici une pièce d'un cent.

1 ¢   0,01 $

Voici une pièce de cinq cents.

5 ¢   0,05 $

Voici une pièce de dix cents.

10 ¢   0,10 $

Voici une pièce de vingt-cinq cents.

25 ¢   0,25 $

Voici une pièce d'un dollar.

100 ¢   1,00 $

Voici une pièce de deux dollars.

200 ¢   2,00 $

Cartes-éclair - L'argent canadien

Voici un billet de 5 dollars.

5,00 $

Voici un billet de 10 dollars.

10,00 $

Voici un billet de 20 dollars.

20,00 $

Voici un billet de 50 dollars.

50,00 $

Voici un billet de 100 dollars.

100,00 $

Pièces de monnaie - Valeurs équivalentes

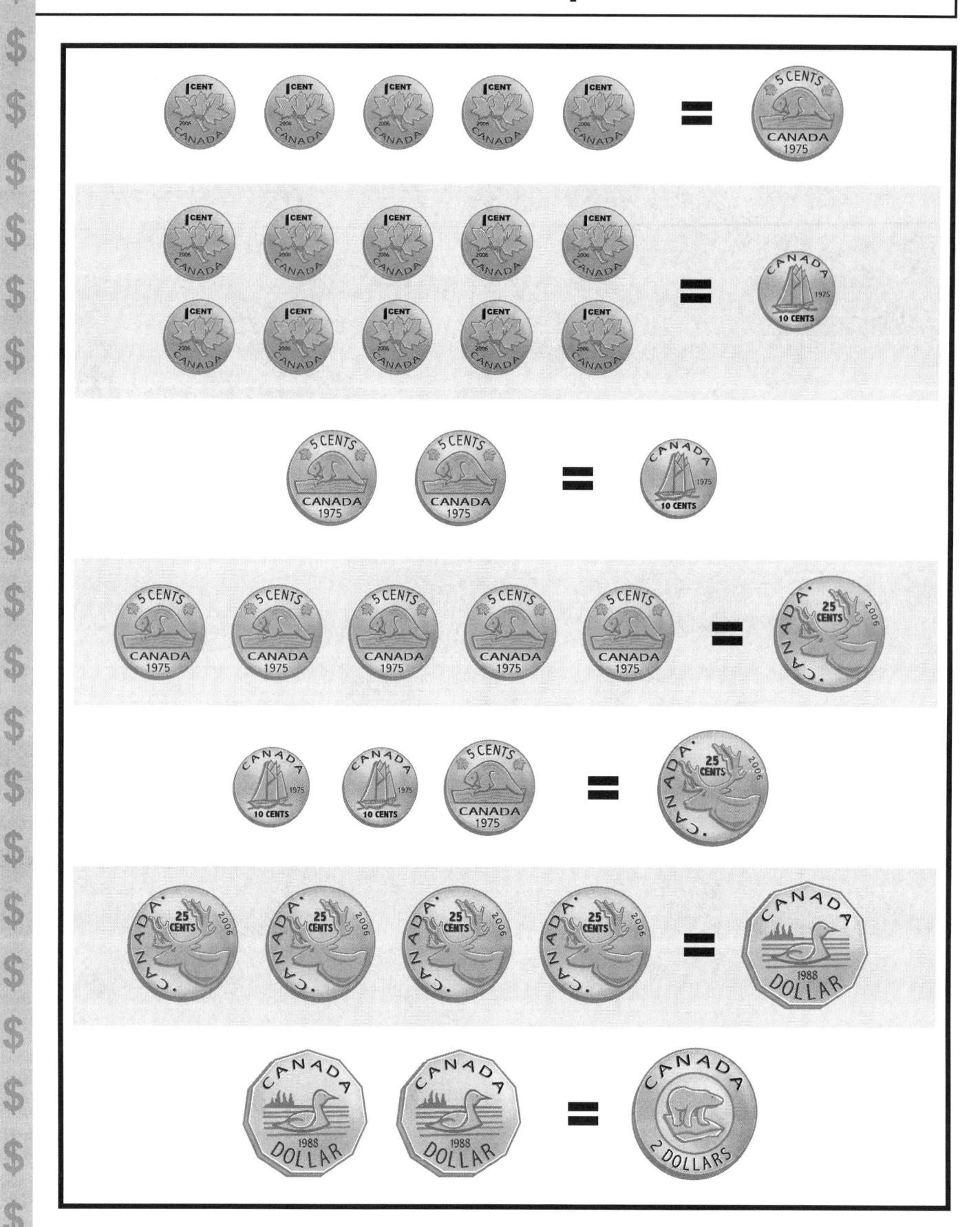

Quelles pièces de monnaie?

Dessine les pièces de monnaie qui représentent le montant indiqué.

1. _____

2. _____

3. _____

4. _____

5. _____

6. _____

Quels billets et pièces de monnaie?

Dessine les billets et les pièces de monnaie qui représentent le montant indiqué.

1.

2.

3.

4.

5.

À reproduire

Pièces de 1 ¢

Pièces de 5 ¢

À reproduire

Pièces de 10 ¢

Pièces de 25 ¢

À reproduire

Pièces de 2,00 $

Pièces de 1,00 $

À reproduire

Billets de 5,00 $

Billets de 10,00 $

À reproduire

Billets de 20 $

Billets de 50 $

Billets de 100 $

Journal de bord - L'argent

Il est important de connaître l'argent parce que...

_____
_____
_____
_____
_____
_____
_____
_____
_____
_____
_____
_____
_____
_____

Certificat

BRAVO!

Tu connais tout sur l'argent!

Nom : _____

Corrigé

p. 2
A.
1. 0,05 $
2. 2,00 $
3. 0,25 $
4. 0,10 $
5. 0,01 $
6. 1,00 $

B.
7. 10 ¢
8. 25 ¢
9. 5 ¢
10. 1 ¢

p. 3
1. cinq cents
2. un dollar
3. un cent
4. deux dollars
5. dix cents
6. vingt-cinq cents

p. 4
1. 1 cent
2. 5 cents
3. 10 cents
4. 25 cents
5. 1 dollar
6. 2 dollars

p. 5
A.
rouge = 14
bleu = 7
jaune = 12
vert = 10

B.
1. 0,14 $
2. 2,50 $
3. 0,70 $
4. 0,60 $

p. 6
1. 5 ¢
2. 3 ¢
3. 6 ¢
4. 4 ¢
5. 7 ¢

p. 7
1. 25 ¢
2. 15 ¢
3. 30 ¢
4. 20 ¢
5. 35 ¢

p. 8
1. 50 ¢
2. 30 ¢
3. 60 ¢
4. 40 ¢
5. 70 ¢

p. 9
1. 9 ¢
2. 17 ¢
3. 13 ¢
4. 26 ¢
5. 21 ¢

p. 10
1. 55 ¢
2. 50 ¢
3. 65 ¢
4. 45 ¢
5. 60 ¢

p. 11
1. 37 ¢
2. 28 ¢
3. 47 ¢
4. 46 ¢
5. 32 ¢

p. 12
1. 81 ¢
2. 57 ¢
3. 96 ¢
4. 62 ¢
5. 85 ¢

p. 13
1. 17 ¢
2. 13 ¢
3. 12 ¢
4. 20 ¢
5. 9 ¢
6. 18 ¢
7. 16 ¢
8. 12 ¢
9. 20 ¢
10. 19 ¢

p. 14
1. 6 ¢
2. 9 ¢
3. 4 ¢
4. 8 ¢
5. 10 ¢

p. 15
1. 7 ¢
2. 7 ¢
3. 4 ¢
4. 8 ¢
5. 10 ¢

p. 18
1. 2 x 25 ¢, 2 x 5 ¢, 1 x 10 ¢
2. 1 x 25 ¢, 2 x 1 ¢
3. 1 x 25 ¢, 1 x 1 ¢
4. Rép. vont varier.
5. 1 x 25 ¢, 1 x 5 ¢
6. 1 x 25 ¢, 1 x 10 ¢, 3 x 5 ¢

p. 19
- pomme : 0,41 $
- grenouille : 1,00 $
- dinosaure : 0,93 $
- poisson : 0,61 $
- fusée : 0,52 $
- chat : 0,39 $

p. 16
1. 8 ¢
2. 5 ¢
3. 3 ¢
4. 6 ¢
5. 4 ¢

p. 17
a, b et c : Rép. vont varier

p. 20
Réponses vont varier.

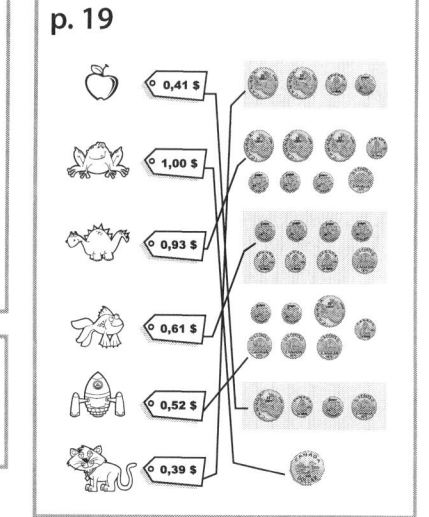

Corrigé

p. 21
Réponses vont varier.

p. 22
Réponses vont varier.

p. 23
1. 87 ¢
2. 61 ¢
3. 72 ¢
4. 87 ¢
5. 82 ¢

p. 24
1. 67 ¢
2. 67 ¢
3. 72 ¢
4. 72 ¢
5. 86 ¢

p. 25
1. 19 ¢
2. 68 ¢
3. 58 ¢
4. 58 ¢
5. 26 ¢

p. 26
1. 54 ¢
2. 64 ¢
3. 54 ¢
4. 18 ¢
5. 46 ¢

p. 27
1. 10 ¢, 10 ¢, 5 ¢, 1 ¢, 1 ¢
2. 25 ¢, 10 ¢, 5 ¢
3. 10 ¢, 10 ¢, 1 ¢, 1 ¢, 1 ¢, 1 ¢
4. 25 ¢, 25 ¢, 25 ¢, 5 ¢, 1 ¢, 1 ¢
5. 25 ¢, 25 ¢, 10 ¢, 1 ¢
6. 5 ¢, 5 ¢, 5 ¢, 1 ¢, 1 ¢, 1 ¢

p. 28
1. 25 ¢, 1 ¢, 1 ¢
2. 25 ¢, 25 ¢, 5 ¢, 1 ¢, 1 ¢, 1 ¢, 1 ¢
3. 25 ¢, 10 ¢, 10 ¢, 1 ¢, 1 ¢, 1 ¢
4. 25 ¢, 10 ¢, 1 ¢
5. 25 ¢, 25 ¢, 10 ¢, 1 ¢, 1 ¢, 1 ¢
6. 25 ¢, 25 ¢, 25 ¢, 10 ¢, 5 ¢
7. 25 ¢, 25 ¢, 25 ¢, 10 ¢, 5 ¢, 1 ¢, 1 ¢, 1 ¢, 1 ¢
8. 25 ¢, 25 ¢, 25 ¢, 5 ¢
9. 25 ¢, 10 ¢, 5 ¢, 1 ¢
10. 25 ¢, 25 ¢, 25 ¢

p. 29, 30, 31 et 32
Réponses vont varier.

p. 33
1. 69 ¢
2. 7
3. 9
4. 1
5. 2
6. 0
7. 7
8. 75 ¢

p. 34
1. 1 $, 1 $, 10 ¢, 10 ¢, 5 ¢, 5 ¢
2. 1 $, 1 $, 1 $, 1 $, 1 $, 5 ¢, 25 ¢, 10 ¢, 1 ¢, 1 ¢, 1 ¢, 1 ¢
3. 2 $, 25 ¢, 25 ¢, 25 ¢, 5 ¢, 1 ¢, 1 ¢, 1 ¢, 1 ¢
4. 1 $, 1 $, 1 $, 1 $, 25 ¢, 25 ¢, 5 ¢, 1 ¢, 1 ¢
5. 2 $, 2 $, 2 $, 1 $, 1 $, 25 ¢, 25 ¢, 25 ¢, 5 ¢, 1 ¢, 1 ¢

p. 35
1. 79 ¢
2. 77 ¢
3. 98 ¢
4. 92 ¢
5. 54 ¢
6. 48 ¢

p. 37
1. 0,85 $, 0,85 $, 0,90 $, 0,95 $, 1,15 $, 1,50 $, 1,80 $, 1,90 $
2. 4,15 $ 3. 3,55 $ 4. 0,10 $
5. 2,65 $; oui, il lui reste encore 1,35 $

p. 38
1. 3,20 $; non, elle a besoin de 0,20 $ de plus
2. Réponses vont varier.
3. Oui, puisqu'il lui reste 1,15 $
4. Réponses vont varier.
5. Réponses vont varier.

Corrigé

p. 39
A.
1. 7,08 $, > 5,52 $
2. 7,90 $, > 7,67 $
3. 21,51 $, = 21,51 $

B.
7. 12,09 $ 8. 44,06 $
9. 9,44 $

p. 40
1. 24,08 $ > 13,57 $
2. 5,20 $ < 7,67 $
3. 8,05 $ < 9,55 $
4. 8,35 $ > 7,32 $
5. 9,80 $ < 10,71 $

p. 41
1. 20,27 $
2. 73,00 $
3. 102,58 $
4. 71,30 $
5. 54,52 $

p. 42
1. 53,85 $
2. 71,61 $
3. 69,71 $
4. 103,24 $
5. 36,67 $

p. 43
1. 40,32 $
2. 21,55 $
3. 30,75 $
4. 0,54 $
5. 5,78 $
6. 0,53 $
7. 24,45 $
8. 0,16 $
9. 2,40 $
10. 1,65 $
11. 11,60 $
12. 11,95 $
13. 30,75 $
14. 2,97 $
15. 16,03 $

p. 44
1. 1,98 $
2. 62,31 $
3. 80,95 $
4. 42,73 $
5. 10,91 $
6. 1,22 $
7. 50,85 $
8. 11,62 $
9. 30,84 $
10. 0,61 $
11. 0,80 $
12. 19,25 $
13. 5,65 $
14. 1,17 $
15. 70,40 $

p. 45
1. 929,00 $
2. 6,00 $
3. 70,00 $
4. 10,00 $
5. 6,00 $
6. 170,00 $
7. 8,00 $
8. 407,00 $
9. 639,00 $
10. 79,00 $
11. 74,00 $
12. 3,00 $
13. 612,00 $
14. 7,00 $
15. 85,00 $
16. 91,00 $
17. 578,00 $
18. 7,00 $

p. 46
1. 100,00 $
2. 50,00 $
3. 2,00 $
4. 5,00 $
5. 2,00 $
6. 37,00 $
7. 10,00 $
8. 50,00 $
9. 30,00 $
10. 7,00 $
11. 4,00 $
12. 40,00 $
13. 7,00 $
14. 35,00 $
15. 31,00 $
16. 8,00 $
17. 7,00 $
18. 3,00 $

p. 47
53,82 $ (>) 3,82 $ 78,25 $ (>) 25,78 $
0,97 $ (=) 0,97 $ 34,59 $ (>) 26,59 $
61,18 $ (<) 80,04 $ 5,35 $ (<) 5,76 $
36,50 $ (>) 35,60 $ 2,31 $ (<) 2,57 $
59,43 $ (<) 59,44 $ 8,01 $ (<) 8,10 $
43,05 $ (>) 12,82 $ 6,80 $ (>) 6,44 $
4,76 $ (<) 9,99 $ 94,53 $ (<) 94,60 $
87,27 $ (<) 87,72 $ 7,16 $ (<) 7,61 $
2,43 $ (>) 1,38 $ 56,74 $ (>) 56,06 $

p. 48
1. 13,42 $ 4. 4,07 $
2. 6,16 $ 5. 0,66 $
3. 12,37 $

p. 49
1. 360   2. 6 billets de 10 $, 25 ¢, 10 ¢, 5 ¢, 1 ¢, 1 ¢
3. 116,38 $
4. Aucune monnaie. Elle doit 1,50 $.   5. 63,96 $

Chalkboard Publishing © 2011

Corrigé

p. 50
1. 4,95 $
2. 13,15 $
3. 1,30 $
4. 4,98 $
5. 18,72 $

p. 51
Réponses vont varier.

p. 52
1. 0,16 $
2. 0,17 $
3. 0,18 $
4. 0,22 $
5. 0,14 $
6. 0,12 $
7. 0,20 $
8. 0,20 $
9. 0,13 $
10. 0,18 $

p. 53
1. 7 ¢
2. 8 ¢
3. 5 ¢
4. 9 ¢
5. 8 ¢

p. 54
1. 4 ¢
2. 7 ¢
3. 2 ¢
4. 7 ¢
5. 4 ¢

p. 55
1. 52 ¢
2. 56 ¢
3. 53 ¢
4. 1,00 $
5. 61 ¢
6. 42 ¢
7. 66 ¢
8. 97 ¢
9. 68 ¢
10. 80 ¢

p. 56
1. 52 ¢
2. 82 ¢
3. 71 ¢
4. 91 ¢
5. 77 ¢

p. 57
1. 44 ¢
2. 63 ¢
3. 58 ¢
4. 48 ¢
5. 46 ¢

p. 58
1. 7,41 $
2. 8,30 $
3. 7,57 $
4. 8,12 $
5. 5,05 $
6. 7,45 $
7. 3,57 $
8. 8,05 $
9. 8,35 $
10. 7,30 $

p. 59
1. 30,40 $
2. 31,91 $
3. 70,36 $
4. 117,12 $
5. 94,75 $

p60.

J	D	I	X	K	W	Z	D	U	C
P	O	B	V	C	D	M	Q	R	I
F	L	H	I	Y	M	O	J	B	N
W	L	X	N	C	I	N	Q	K	Q
E	A	R	G	E	N	T	I	M	U
P	R	B	T	F	V	A	C	R	A
I	M	P	A	J	W	N	V	U	N
E	I	R	C	E	N	T	B	Z	T
C	P	I	H	R	S	O	M	M	E
E	Z	X	M	O	N	N	A	I	E

p. 61

A.
1. 1,91 $
2. 7,09 $
3. 10,39 $
4. 6,45 $
5. 4,56 $
6. 9,13 $
7. 3,67 $
8. 8,97 $
9. 4,38 $
10. 2,00 $
11. 2,61 $
12. 4,73 $
13. 6,75$
14. 7,92 $
15. 2,04 $
16. 7,16 $
17. 6,04 $
18. 2,51 $
19. 8,09 $
20. 9,51 $

B.
1. 8,09 $
2. 5,73 $
3. 2,79 $
4. 5,81 $
5. 10,00 $
6. 3,75 $
7. 4,56 $
8. 5,65 $
9. 5,67 $
10. 0,07 $
11. 1,94 $
12. 7,75 $
13. 7,05 $
14. 1,90 $
15. 6,29 $
16. 9,43 $
17. 8,12 $
18. 2,46 $
19. 10,23 $
20. 6,09 $

Corrigé

p. 62

A.
1. 62,05 $
2. 118,49 $
3. 56,70 $
4. 122,56 $
5. 92,91 $
6. 86,23 $
7. 94,07 $
8. 41,52 $
9. 137,86 $
10. 75,78 $
11. 132,49 $
12. 93,39 $
13. 118,15$
14. 138,11 $
15. 62,12 $
16. 155,73 $
17. 92,25 $
18. 176,01 $
19. 104,23 $
20. 93,51 $

B.
1. 85,25 $
2. 102,58 $
3. 140,19 $
4. 125,98 $
5. 99,55 $
6. 144,79 $
7. 129,59 $
8. 73,78 $
9. 155,25 $
10. 183,52 $
11. 121,19 $
12. 81,40 $
13. 88,45 $
14. 142,02 $
15. 158,26 $
16. 130,30 $
17. 151,79 $
18. 55,46 $
19. 152,17 $
20. 65,27 $

p. 63

A.
1. 0,02 $
2. 27,38 $
3. 58,29 $
4. 35,58 $
5. 22,09 $
6. 24,39 $
7. 28,91 $
8. 12,38 $
9. 20,35 $
10. 2,16 $
11. 1,04 $
12. 6,38 $
13. 1,45$
14. 17,25 $
15. 58,63 $
16. 67,40 $
17. 7,77 $
18. 4,81 $
19. 0,44 $
20. 54,84 $

B.
1. 2,01 $
2. 51,40 $
3. 33,96 $
4. 1,30 $
5. 53,87 $
6. 9,67 $
7. 13,30 $
8. 19,89 $
9. 75,85 $
10. 11,62 $
11. 38,51 $
12. 20,04 $
13. 24,80 $
14. 23,74 $
15. 0,88 $
16. 48,05 $
17. 34,49 $
18. 29,26 $
19. 48,63 $
20. 21,03 $

Chalkboard Publishing © 2011